海權興衰兩千年 I

從大流士與薛西斯的波希戰爭

之名的基度山島海戰

熊顯華 著

SEA POWER

the Rise and Fall for 2,000 Years (480 B.C.-1241)

推薦序　二十一世紀藍色文明的競逐

國防院　國防戰略與資源所　所長、博士／蘇紫雲

希臘海軍不安的在港邊待命，波斯六百艘戰船組成的龐大艦隊即將發動攻勢，壓的希臘人難以喘氣，希臘聯盟海軍指揮官地米斯托克利也強做鎮定，儘管戰前民主議會支持大力發展海軍，也同意以輕快戰船的創新方案來對抗占數量優勢的波斯，但面對敵人龐大的海上優勢，任誰也無法輕鬆以對。直到黃昏時刻情報傳來波斯海軍已進入薩拉米斯海灣，希臘全艦隊拔錨出港將恐懼拋於腦後，以數量劣勢的輕快戰船擊沉了兩百艘的敵艦，迫使波斯海軍敗退並打消兩棲登陸，以不對稱的兵力獲勝穩固了希臘世界的安全也開啟了民主文明的全盛期。

近一千三百年後，虞允文踏在岸邊水際，憂心忡忡看著長江對岸金軍完顏亮的水軍大營，宋軍敗退過江的殘部則在采石磯岸邊零散列陣。身為中書舍人的文官，奉

派以馬府參軍身分犒師勞軍，文弱書生未經戰陣卻面臨大敵當前絕境，虞允文不忍棄軍而去遂召集宋軍水陸將佐振奮士氣決定與金軍死戰保國。雖數量不如敵軍，但虞允文踏上宋朝水師甲板擬定水戰計畫，利用南宋水師擁有木輪推進的「飛虎戰船」優勢，具有航行速度與航向的靈活性，搭配霹靂炮與水雷等早期火器的運用在江面來回衝殺，打的金軍艦隊潰不成軍，成功阻絕金軍兩棲登陸穩固了南宋朝廷。

東西方的兩場代表性水面戰役，一為海戰另一為江河戰，但都說明了掌握水陸介面的重要性，以及善用科技創新的戰略價值。在人類經濟、政治的發展史中，始於江河文明而擴大於海洋文明。江河滋潤農耕給養城邦，但海洋供輸資源可壯大邦國，可以這麼說，人類的文明由江河的黃水走向濱海的綠水再走向遠海的藍水，這也象徵著近代強權的發展。

同樣重要的是科技在海軍發展旅程中扮演關鍵地位，由早期的帆槳動力到蒸汽推進，火炮與鐵甲艦的運用更使得海軍可以結合機動力、火力、防護力，以控制海洋空間。而航海鐘的發明，讓船艦可在茫茫大海中精確量測航程並定位導航，咖哩等香料得以遮蓋蔬果異味在遠航時補充水手維生素以保持健康與體力，這些科技的綜合運用共同構成了海權的基本要素。

作者在這本書中以深入淺出的筆法描述海權發展，生動且圖像化的呈現了近現代的海權觀念與國際貿易的發展趨向。其實，海上交通線都與貿易、能資源的供需息息相關，二十一世紀新一波藍色文明的競逐包括美國提倡的「印太戰略」、中國「帶路倡議」都是海洋經濟政治的大棋盤策略。畢竟海權的興衰史說明誰掌握海洋將決定未來國際政治權力分配與市場經濟的樣態，因此無論是政治菁英、企業決策者、乃至股市投資者所謂的「航海王」，都可透過本書一窺地緣政治競爭的堂奧，在各種訊息中得以更精確的判斷，理解新一波的藍色文明，就能掌握政治、經濟乃至安全的脈絡主軸。

推薦序　海權擴張史所形塑的西洋史

《全球防衛雜誌》前採訪主任、「軍情與航空」網站主編／施孝瑋

台灣四面環海，我們許多政治宣傳，喜歡說我們是「海洋國家」。但實際上在安土重遷的華人傳統文化下，歷史上我們對於海洋經營乏善可陳，因此我們絕不是「海洋國家」，至多只能算是「海鮮國家」。但是在人類大約五千年左右的信史階段，西方和東方為什麼發展出完全不同的文化風貌？甚至是軍事歷史？人類歷史的演進，戰爭和軍事史占著相當重要的部分，而身處歐亞大陸的華夏民族的自然環境，和西方以海洋為核心的舞台自然產生截然不同的樣貌，而科技需求更多的海戰，也注定了海權壓過陸權的歷史宿命。

和華夏民族成長茁壯的黃淮平原不同的是，西方文明成長於地中海，茁壯於大西洋，最後在殖民地的競賽中拓展至海洋所及之處，並在十九世紀中葉到達了與地中海距離最遠的太平洋西岸。這個發展的歷程，絕非一路平和只因商業而崛起茁壯，

而是一路殺伐才成為各帝國強大的根基。或許我們可以這麼說，西方文明可說是奠基於海戰戰史之上。

既然知道了西方文明史，可說是一部海戰史的開展，而科技的需求與進步，自然隨著從愛琴海、地中海、歐洲近海到大西洋航行的科技發展而前進。相較於同時期的中方與華夏民族，歷史上除了赤壁之戰和為了尋找可能潛逃海外的明惠帝而進行多次的「鄭和下西洋」之外，華夏民族在海權發展的過程中，表現是遠落後於西方冒險犯難的海洋探險文化。而也因為政治的緣故，鄭和七下西洋與清代擴境至台灣之後，竟然採取了「海禁」的政策，也讓中華民族在現代化的發展途徑上，只能緬懷歷史上的大發明卻沒有國力的擴充了。

這套書的主軸，不是要我們感嘆在海權史上我們未能站得一席之地，而是讓我們清楚看到，歷史上海戰史的演進及其產生的極深遠影響。從最早的大流士與薛西斯的波斯希臘戰爭，一直到美日太平洋戰爭後的海權新秩序，書中挑選影響歷史甚鉅的十六場海戰，以更多篇幅介紹了海戰的背景與成因，戰鬥的推演以及對後世的影響。

戰役，特別是海戰，在一場海上遭遇後，往往改變了原本的戰略態勢或是各方優劣點，讓一場海戰對於兩個國家、甚至是兩個文明，產生翻天覆地的影響，並重組權力結構，徹底改變並影響世界。

序言　「巨浪」歷史下的記憶與海洋文明的對決

在我打算寫這樣一部書時，我決定用不一樣的視角去闡釋海洋文明下的「巨浪對決」。這種對決不僅僅是以戰爭的形式，更多的是體現在政治經濟、制度文化、地緣海權、意識思想等方面上。

從木槳時代到風帆時代，從風帆時代到蒸汽時代……，巨浪的歷史總離不開艦船的歷史。無論是爭奪新世界的資源，還是伴隨著商業貿易的文明交融，縱觀歷史，我們會發現：天平的中心點正在偏向大西洋沿岸的國家。那些走向海洋的國家，利用政治權力、航海技術、殖民領地、宗教信仰等諸多因素將資本注入到國家運轉體系中。在今天看來，雖然它們已經成為過去的歷史，但是對當下和未來的要義依然存在。譬如，現代歐洲起源的核心推動力，我們就可以在宮廷、港口、貿易航線、海上霸權中找到。歐洲的現代化既得益於數千年的文明交融，也得益於來自世界各地的原始資本積累。從這個角度講，是「大歷史」創造、推動了嶄新的世界。

在這部關於大歷史的書裡，讀者會看到一條貫穿全書的時間線，還會感受到一條暗線也存在其中，即海權在人類歷史、區域歷史、國家歷史中的重要作用。對決不僅僅是我們通常理解的戰場殺戮，更多的是指向在歷史進程中的多元化碰撞。

本書甄選了從西元前五世紀到西元二十世紀的十六場具備特殊要義的海上戰事，力圖透過不一樣的視角勾勒出海洋文明對決的歷史進程。在處理這些複雜的題材時，我並沒有刻意注重戰爭場面的描繪，相反有意識地為讀者構建一個多視角、非虛構的歷史記憶。在創作中，我更加注重人物與時勢、經濟與組織、政治與制度、文化與生活、地緣與海權、集體記憶與個體特質、原因與結果的交互影響。不過，我並非要創作一部適合詳細闡釋東西方文明特性以及演進過程的歷史著作，我更願意將這本書的受眾群體指向普通讀者。

以海洋為途徑的文明延伸方式非常獨特。譬如，薩拉米斯海戰讓雅典人走出了希臘國界。本書以希臘與羅馬的古典文明體系作為開篇，是想闡釋羅馬帝國崩潰的過程中，其文明體系並沒有被毀滅掉，在這之後的歲月裡，其以多種途徑傳播到歐洲的西部和北部。這個文明所持有的理念離不開海洋的福澤。

所以，我個人以為歐洲的歷史大都是海洋的歷史。

當然，這個文明的傳播、滲透既要感謝那些希臘與羅馬古典文明體系的傳承者、崇拜者，也要感謝這個文明體系的強大生命力。

進一步來講，從地理大發現時代到殖民擴張的時代，從十五世紀到十九世紀，西方文明多以海洋為紐帶延伸到非洲、美洲、亞洲等區域。不僅西方，東方也曾以這樣的方式將其文明延伸到世界各地。於是，這個世界終於聯繫在一起，形成一個人類命運共同體的交融世界。

海洋文明間的對決在多個層面都體現了國家興衰、歷史走向等。為此，我在書中對它們進行了不同視角的探討。譬如——

雅典人是如何利用「木牆」讓薩拉米斯具備神聖要義的？走出希臘國界後的世界是什麼樣子？

薛西斯一世是以人間統治神的名義，還是借眾神之神的名義指揮著他的海上艦隊？

米列海戰裡神祕的「烏鴉」到底為何物？它如何讓海戰變成陸戰的？杜伊利烏斯紀念柱對後世有何影響？

提里盧斯－格隆事件併發症是如何成為迦太基帝國走向毀滅的重要節點的？迦太基女王真的存在嗎？她與帝國滅亡有哪些關係？以貿易為主的海上帝國是否抵擋得住以軍事力量為主的入侵？

什麼叫作奧古斯都的門檻？埃及豔后與亞克興海戰有何關係？她的死因到底是什麼？

基督山島的海上戰事，最終只是為了俘獲一群教士，還是另有隱情？西西里島如何成為眾多國家爭奪的焦點？

君士坦丁堡的前世今生是否意味著一四五三年的戰爭並未結束？流動火焰如何拯救希臘文明？

特諾奇提特蘭與一個征服者之間發生了什麼？是瘟疫侵害了這個文明，還是其他？

一五六五年的馬爾他大圍攻有多少鮮為人知的細節？它與勒班陀海戰有何關係？僅僅是因為爭奪西班牙遺產而引發了不多時的四日海戰嗎？

特拉法加海戰與一份合約、一個陰謀相關？

為過去復仇的義大利海軍是如何成為諾貝爾文學獎獲獎作品《魔山》中的中心角色的？

日俄對決，日本真的贏了嗎？

日德蘭海戰是馬漢主義的巔峰，還是荒唐時代的錯誤？

中途島如何成為漂浮的地獄的？

……

這些細節都會在書中體現。當然，這只是書中內容的一部分——這部書的價值不在於以獵奇的形式彰顯，更多的是以巨浪歷史下的記憶和海洋文明對決的內容闡釋兩千多年來的文明歷程，並對當下和未來提供一些思考的路徑。

所以，我特別喜歡若米尼的那句名言：「（這是）值得的永遠記憶。」如果說這本書還有什麼目的，就是希望越來越多的人理解海洋——在陸地上待久了的人們會越來越覺得海洋是多麼重要；在海洋上受益於其財富的人們同樣會一如既往地擁抱海洋。

需要說明的是：因水準有限，書中難免有不少謬論、錯誤，還望大家多以包容的心態去看待，歡迎指正、批評，我將不勝感激！另，為方便讀者進一步瞭解與書中相關的內容，我儘量做了應有的注釋，希望能起到一定的輔助作用。

最後，感謝出版方以及為此書做出辛勤工作的同仁們！他們的出版初衷和我一致。希望這樣一部書沒有終結，還有後續。

熊顯華

CONTENTS

Chapter I

文化角逐的產物

神聖的薩拉米斯

（西元前 480 年）

這些倖存者彷彿是被網住的金槍魚一樣，
被敵艦使用破損的船槳和遇難船隻的漂浮物不斷撞擊著。
尖叫和啜泣的聲音始終在外海上迴蕩，直到夜幕降臨……

——希臘悲劇家 埃斯庫羅斯《波斯人》

01
水道裡的浮屍

英國著名浪漫主義詩人喬治・戈登・拜倫（George Gordon Byron）在他的代表作《唐璜》中這樣寫道：「天明之際，國王統計麾下戰士的數量，但到了日落時分，他們又去了哪裡？」

這或許是命定的慘烈結局——這些英勇的戰士因肺部大量積水，身體變得越來越沉重和麻木了，他們的大腦功能隨著最後一點氧氣的耗盡，絕望之情的蔓延也到此停止。

他們到底是去了天堂還是地獄？我們只能祈禱。

非常糟糕的死法！在鹹澀的海水裡許多戰士拼命地用手臂撲打著海水，他們清晰的意識逐漸變得模糊……。

此時，正值黃昏時分，夕陽的餘暉漫灑在薩拉米斯（Salamis）灣的海面上。誰承想這樣美麗的景象中竟有人類殘酷歷史上最為悲壯的一幕？

黑夜過後是白天，但對他們而言，黃昏過後是永遠的黑夜。

歷史會銘記這一天：根據相關史料推斷，這場戰鬥大約持續了八個小時，大約發生在西元前四八〇年九月二十日到三十日之間，最可能的日期是九月二十八日。此刻白晝將近，在薩拉米斯島與希臘半島之間長長水道上的狹窄區域，著名的薩拉米斯海峽，許多薛西斯一世（Xerxes I，約西元前五一九－前四六五年）的戰士——他們當中大多數為奴僕——因不會游泳或遭殺戮而命喪大海，漂浮的屍體塞滿了水道。

這片狹窄的海域就這樣成為陰森恐怖的海上墓地，那裡有埃及人、腓尼基人、小亞細亞人、波斯人……海風像往常那樣隨性吹動，他們的屍體在海水的沖刷下湧到了薩拉米斯島和阿提卡（Attica）半島的岸上。

或許是希臘人的誇大其詞，又或許是他們因這次戰役的完勝而驕傲，薩拉米斯這個名字儼然成為當時「西方崛起」的同義詞。然而，它背後血腥的屠戮正漸漸地被世人遺忘！眾所周知，許多人更多的是在這裡欣賞海上曼妙的風景罷了。

比起之前的溫泉關（Thermopyles）戰役，斯巴達的勇士們在最後全部壯烈犧牲，作為懲罰和威懾，斯巴達國王列奧尼達（Leonidas）的頭顱被波斯人插在木樁上，薩拉米斯海戰帶給後人的影響也遠遠超過了溫泉關之戰。而且，我們完全有理由相信薩拉米斯海戰中的亡魂在臨死前的恐懼已超過了「食人狂魔」戴歐尼修斯（Dionysus）

帶給活祭者的戰慄。

這場大規模海戰的特殊性在於，它發生在寬度不足一・六千公尺的薩拉米斯海峽。如果以一名戰地記者的身分出現在海灘上，幾乎可以將整個戰場盡收眼底。一千六百零七艘戰艦擁擠在薩拉米斯海峽，數以萬計的波斯戰士在「頃刻間」命喪黃泉，這樣的景象恐怕是再無其二。

狂妄的薛西斯一世曾經率軍血洗雅典，如此「榮耀與輝煌」：讓所有人膽寒的「薛西斯式的憤怒」足以讓他把自己的王后也看作奴隸一樣——據說在一次酒後，薛西斯一世竟然命令王后走到那些醉漢面前赤身裸體展示自己的美麗身體，如若反對，他的憤怒就能讓眼前這個高貴的女人命喪當場。

但在希臘的薩拉米斯島，或者說埃格里奧斯山（Mount Aegaleos）山巔，他怎麼也沒有想到，如今，報應來了——他只能空懷憤怒地看著自己的軍隊被海浪吞沒。

這就是著名卻又被人遺忘的薩拉米斯海戰。

§

西元前四八〇年，決定希臘生死存亡的一年。波斯人相信，只要能征服希臘—雅典，就一定能實現波斯帝國大流士一世（Darius I，西元前五二一—前四八六年）的宏圖：這是波斯土地，阿胡拉[1]賜給我，這是一塊吉祥的土地，有好馬，有好男人，承阿胡拉的恩典和個人品格，大流士王不怕任何敵人。

出人意料的結局是波斯人遭受了慘痛的失敗，馬拉松（Marathon）戰役的慘敗就是他們心中難以拂去的傷痛。根據古希臘作家頗為誇張的記載，這場發生在西元前四九〇年的會戰，波斯人遭受了恥辱性的慘敗——波斯軍隊陣亡六千四百人，雅典僅陣亡一百九十二人。

憤怒的波斯人堅定地把這場失敗看作是一種莫大的恥辱。這一次，他們要在薩拉米斯做一個了結。

雅典人呢，他們會坐以待斃嗎？當然不會！早在雅典人與鄰近島嶼的埃伊納

---

1 《波斯古經》中最常被提到的神名，古伊朗的至高神和光明智慧之神，被尊為「包含萬物的宇宙」，它是全知的神，但並非全能。

（Aegina）人產生糾紛時，他們就已經有了某些準備。客觀地說，在擅長航海的埃伊納人面前，雅典人感受到一種無法戰勝海洋的恐懼。這種恐懼就像中國古語裡說的「工欲善其事，必先利其器」那樣，他們因缺乏「利器」而惶恐萬分。

於是，雅典人開始有意識地造船，造一種當時非常先進的三列槳戰艦。耐人尋味的是，埃伊納人居然無視來自鄰岸的威脅，整日忙於將山形牆雕塑搬到他們的阿法埃婭（Aphaia）神廟裡去。

為了造出更多的三列槳戰艦，雅典人採取開採銀礦和私人募捐的形式籌集資金。其中，來自勞里昂（Laurion）銀礦的收入占了絕大部分。之前，雅典人在海洋上的能力並不算強大，這一次的造艦計畫將標誌著雅典躋身於海洋強國的行列。

由於艦隊需要大量的槳手、作戰人員等，雅典在造船的同時也著手招募大量沒有不動產、靠受雇而活的「城市流浪者」。實際上，他們可稱作「自由的奴僕」。在戰爭期間，這些人就成為艦隊的主要戰士。

當時作為主力戰艦的三列槳戰艦，據說是古埃及人或腓尼基人發明的，因龍骨上架有大量木板而得名。在將近半個世紀的時間裡，這種艦船被視為地中海上標準的主力戰艦。

在海戰中，三列槳戰艦可以依靠人力划行提供動力，能完全做到不使用風帆。一般情況下，一艘三列槳戰艦需要配備一百七十人左右的槳手，他們三人為一組，每一組按照從下向上的垂直順序排列，這是為了防止不同層槳手的船槳相互碰撞而設置。每名槳手手執一根標準長度的船槳在海水裡揮動著。另外，約有三十人則擁擠在甲板上，他們當中有舵手、弓手、戰士，這些人主要負責作戰。

三列槳戰艦的設計充分利用了力學原理，造船者將戰艦的重量、速度與動力之間的比例把握得恰到好處，採用「魚鱗式疊加」的造船方法讓船龍骨的外板就像魚鱗一樣排布。船體的建造也是相當厲害，能用「平鑲」的方式一塊一塊地將船體組建起來。就算到了今天，許多地區的人們依然採用這樣的方式來造船，或者是透過榫卯結構來拼接船隻。作為「海上戰狼」的維京人駕駛的長船也是按照這樣的結構去建造的。

如此精密的造船方法讓三列槳戰艦的航速驚人，即便有兩百人或者再多一些的人在船上面，也能在幾十秒內加速到九節。速度上的優勢再搭配靈巧的機動性，使得三列槳戰艦的撒手鐧青銅質分叉撞角能在極速航行中發揮出超強的威力——這是安裝在船艏水線處的撞擊性武器，可將當時任何類型的船隻攔腰撞斷。

三列槳戰艦的作戰效果在地中海地區久經考驗。十六世紀，威尼斯的造船工人試圖仿造出三列槳戰艦，結果讓人不甚滿意。到了現代，設計者試圖透過先進的電腦技術，結合盡可能多的航海知識，依然無法完全掌握這種艦船的設計精髓。

當然，三列槳戰艦也有自身的弱點。它屬於輕型戰艦，不能在深海中遠航，會因負載沉重而產生結構上的脆弱。雖然能讓兩百人或者再多一些的人搭載於艦船上，但是船員的生命安全幾乎沒有什麼保障，唯一能保護船員的是最下層的槳手搖槳的窗口。

這個視窗距離戰艦的水線較近，只有四十公分，設計者用一個皮質的護套加以密封，僅開一個小窗戶來透氣。也就是說，一旦三列槳戰艦被敵方戰艦的撞角撞擊到側面，整個船體的傾斜幾乎是瞬間發生的事。同時，海水會從敞開的視窗無情地灌入，船和人都會被拖入海底——對於喜歡穿長袍的波斯人而言，無疑是雪上加霜，因為長袍在海水的浸泡下會束縛人的逃脫行動。

如果當時負責搖槳的奴隸像十六世紀海上作戰時一樣被鐵鎖鏈鎖住，逃脫的可能性還有嗎？答案讓人絕望。古希臘的劇作家埃斯庫羅斯（Aeschylus）在其著作《波斯人》[2]中有這樣的描述：「那些得到波斯人愛戴的人們，他們的屍體浸泡在鹹澀的海水中，常因裹在長袍裡而被拖到水下，或者毫無生氣地被來回拖動。」

或許波斯人也想到過三列槳戰艦的致命弱點，只是當時的他們或者說當時的人們未必能找到破解之法。當天氣變得惡劣，行駛中的艦船就需要立刻尋找避風港，而最好的避風港是沙灘。相比較而言，從設計上克服三列槳戰艦難以逃生的弊端需要耗費大量的精力和時間，而將這些精力和時間放在尋找、建設港口則是比較明智的選擇。更何況，迫在眉睫的戰事讓波斯人的復仇之火早就難以抑制了。

這場戰爭的結局讓波斯人再一次感受到屈辱。在征伐他國時，喜歡裝載大理石的波斯人每奪取一地就要立上一塊石碑作紀念。這一次，他們怎麼也沒有想到，出征前堅決如鐵的勝利感就如出發前滿心歡喜地裝載上的大理石一樣，最終竟是毫無立處的結局。

2　根據推斷，他極有可能參加了薩拉米斯海戰，其編劇的《波斯人》曾於西元前四七二年公開上演，是現存唯一取材於歷史題材的古希臘悲劇。

在隨後五個世紀的時間裡，雅典人憑藉他們的阿提卡三列槳戰艦始終保持著無比的榮耀。根據西元前四世紀的石刻史料記載，三列槳戰艦多以城市名、地功能變數名稱和女神的名字命名。阿提卡是一個伸入愛琴海的半島，帕爾納索斯（Parnassus）山脈將其與希臘大陸分隔開，向西連接科林斯（Corinth）地峽，雅典是它的首府。雅典人以「阿提卡」為戰艦命名，其用意不言而喻。

三列槳戰艦對雅典人來說是稀缺的。按照古代希臘歷史學家修昔底德（Thucydides）的說法，在希波戰爭之前，只有西西里（Sicilia）島的僭主（指以發動政變或以其他暴力手段奪取政權的獨裁者）和克基拉島（Kerkyra）的居民才擁有三列槳戰艦，在雅典和埃伊納以及其他地方幾乎是不存在三列槳戰艦的。克基拉島也叫科孚（Corfu）島，意為眾山峰的城市，外形像一把鐮刀，是地中海的邊緣海愛奧尼亞（Ionian）海中的第二大島嶼，與阿爾巴尼亞相望，特殊的地理位置讓這個島嶼成為外族入侵的重要目標。

同時，雅典沒有一個建設良好的港口，而埃伊納島具有這樣的優勢：四面環海。埃伊納人利用他們的艦船不斷騷擾阿提卡沿海的村鎮，攻擊沿海的雅典船隻。而當時雅典人的船屬於長船型，並且只能算是一種原始而簡陋的船隻——三十名槳手或者五十名槳手的驅動力是無法與三列槳戰艦一百七十名槳手所帶來的驅動力相比的。這意味著，即便雅典人能在短時間打敗埃伊納人，獲得他們優良的港口，在一定時期裡也不會讓海軍的實力有實質性的提升。

很快，雅典執政官地米斯托克利（Themistocles）就開始宣揚建造這種戰艦的必要性，他敦促雅典人必須儘快建造出三列槳戰艦用於海上作戰。勞里昂銀礦的礦工在某次工作中意外發現了一條新礦脈，這位有見地的執政官顯得非常高興，因為建造海軍艦隊的軍費終於有了保障。

有了勞里昂銀礦提供充足的財富作為支撐，雅典人就能建造大量的三列槳戰艦了。都城雅典是最大的造船基地，古希臘詩人阿里斯托芬（Aristophanes）在他的喜劇作品《鳥》中曾以一隻戴勝鳥詢問雅典旅人從何而來的方式寫道：「從哪裡來？從光榮的艦隊誕生之地來。」這足以說明雅典人熱衷於造船、組建艦隊了。

在地米斯托克利未曾告誡雅典人之前，他們是沒有足夠的危機意識的。這主要緣於雅典人在馬拉松戰役中取得了讓人驕傲的勝利。

來自波斯帝國的威脅雖然暫時解除，但並不意味著威脅不存在。具有危機意識的地米斯托克利強烈地感受到薛西斯一世的憤怒之火此刻已熊熊燃燒。馬拉松戰役不是希波戰爭的結束，而是更加嚴峻的、長期的戰爭的開端。只有大力發展海軍，獲得海上控制權，才能徹底拯救自己的國家。為了讓更多的雅典人樹立起危機意識，他採取極力鼓吹「埃伊納人威脅論」的方式，並強調要利用對埃伊納人的戰爭經驗，著力打造一支強大海軍更能讓希臘長治久安的必要性。

西元前四八七年，與埃伊納人的戰爭勝利後，作為民主派重要代表人物的地米斯托克利趁機說服了雅典公民大會支持「用勞里昂銀礦收益建造三列槳戰艦一百餘艘」的計畫。這樣，雅典的戰艦至少能到兩百艘，如果能完全實現，雅典就能躍升為當時的海上強國。另外，在波斯人再次入侵前夕，他還積極促成反波斯侵略同盟的建立，親自在科林斯多次主持召開「泛希臘會議」，討論戰或不戰的利與弊……。

這樣看來，希臘或許能躲過一劫！

§

雅典徵集和招募的海上人員大多是自由人，他們當中很多人不擅長航海。三列槳戰艦的主要動力是依靠槳手的划動而產生，為了更加有效地利用划槳，訓練合格的槳手迫在眉睫。

根據希臘歷史學家普魯塔克（Plutarch）[3]的分析，一艘三列槳戰艦大約能承載兩百人，其中槳手就占了一百七人，分三層坐在船的兩側。在船上還有十四名重步兵、四名弓箭手，外加主舵手、副舵手、笛手、木匠、槳手指揮等戰艦管理人。

艦長的人選採用抽籤的方式決定。顯然，這樣的方式是不明智的，艦長也有可能不精通航海。解決辦法是配備一名精通航海的「Kybe-rnet」，即類似大副的人。

槳手的體能、彼此間的協調操作成為在海戰中制勝的關鍵因素之一。一百七十名槳手分布在艦船的三層艙室，上層六十二名，中層五十四名，下層五十四名，由笛

3 約西元四五—一二五年，羅馬帝國時代的希臘作家、哲學家、歷史學家，主要作品有《希臘羅馬名人傳》，其作品在文藝復興時期大受歡迎，像蒙田、莎士比亞都受其影響，尤其是莎士比亞，很多作品都取材自他的記載。

手指揮他們划槳的節奏。

吹笛的節奏非常重要！槳手在節奏的引導下做到划槳的節奏、槳入水的深度和間距一致。這樣的方式可產生巨大的驅動力，讓驅動力與船體形狀達到完美結合。無論是向前還是向後划動，都需要高度一致的配合，才能在加速的情況下，利用撞角撞擊敵船時將撞擊力發揮到極致。

在很長時期的海戰中，三列槳戰艦都以主力戰艦出現，戰術的發揮也因此得到了充分的實踐空間。戰艦自身的高速航行讓它成為一件破壞敵船的利器——早期設計的撞角主要用於近距離作戰，隨著作戰範圍的擴大，海上作戰經驗的不斷積累，人們發現，如果能讓撞角從側面撞翻敵船或者折斷其船槳，就能使敵船失去繼續活動的能力，這對接下來的近距離作戰是很有幫助的。

為了更加有效地破壞敵方的戰艦，希臘時代的撞角大多增設了三個錘刺，目的是折斷船槳。在高速的航行中透過側面衝撞敵船，在不發生偏離的前提下完全能做到穿透船身，從而讓湧入的海水加速敵船的側翻，甚至是沉沒。

在戰術的使用上主要有兩種：一是diékplous，即縱穿；二是períplous，即迂回。

縱穿戰術是利用陣型，以強大的衝擊力穿透敵軍戰線，一旦成功，可以進行從船艉方向衝撞敵船、折斷其船槳的作戰方式。迂回戰術也需組成陣型，其不同之處在於從側面進攻，實施的前提是採用大量的戰船迂回到敵方戰線側翼，只有這樣的進攻才是有效的。

值得注意的是，不論採用哪種戰術，一旦成功實施了衝撞，必須儘快後撤，以便快速脫離與敵船的接觸，將傷己的可能性降到最低。

我們可從《波斯人》中的一段描述得到證實：「倖存的船舶都轉舵向後，試圖划到安全的地方。然而，這些倖存者彷彿是被網住的金槍魚一樣，被敵艦使用破損的船槳和遇難船隻的漂浮物不斷撞擊著。尖叫和啜泣的聲音始終在外海上回蕩，直到夜幕降臨……」。

上述兩種戰術，尤其是對側翼形成的巨大威脅使得作戰雙方都必須小心翼翼。譬如在海岸附近作戰如何利用海岸的走向、水深來保護側翼是指揮官必備的能力。側翼一旦被襲擊，是極有可能對戰鬥的勝負起到關鍵作用的。

在薩拉米斯海戰中，波斯人將大量戰艦開進了狹窄的淺水域。很快，希臘艦船就衝進陣線了，他們利用堅硬的撞角施行突破戰術。在撞角的猛烈撞擊下，波斯艦隊很快陷入混亂。當成功而有效地實施撞擊後，希臘艦隊的槳手在各自的位置上有條不紊地划動著，他們讓艦船在水中快速後退。當他們發現可發動進攻時，會毫不猶豫地再次施行撞擊。

即便如此，我們也不能就此斷定在薩拉米斯海戰中波斯人的失敗僅僅是因為戰術運用上的錯誤。決定戰爭勝負的因素太多，天時、地利、人和都是重要因素。但就其結果來看，不管是縱穿戰術還是迂回戰術的成功運用，對波斯人的傷害都是巨大的。

勒班陀（Lepanto）海戰死亡人數在四萬到五萬之間，這是非常恐怖的數字。而薩拉米斯海戰的死亡人數也在四萬以上，相比波斯人的慘重傷亡，希臘人僅損失了四十艘三列槳戰艦，我們可以據此推算四十艘戰艦上的人數大約為八千人。根據希羅多德（Herodotus）的說法，只有少數希臘人因溺水而死，大多數落水者都能游過海峽安全上岸。

在火藥還沒有出現的時代，在短短幾小時的時間裡，這場海戰能讓數以萬計人失去生命，實在是讓人戰慄不已。在希臘人看來，淹死是最為可怕的方式——死者的靈魂將找不到身體，從而無法安息，無法進入冥界，成為在外遊蕩的孤魂野鬼。在薩拉米斯海戰結束大約八十年後（西元前四〇六年），在阿吉紐西（Arginusae）戰役中，雖然希臘的指揮官們成功擊敗了伯羅奔尼撒艦隊，但是作為有很高權力的雅典公民大會依然決定處死一些指揮官，其原因就是他們沒能救起落水的士兵。

波斯人，或者說薛西斯一世的將士們，他們當中又有多少人的名字會被後世記得呢？由於史料缺乏，我們很難統計了。不過，根據希羅多德的說法，有一個波斯人或許是「幸運的」，他就是薛西斯一世的兄弟、海軍四大將領之一的阿里亞比涅斯（Ariabignes），他在海戰中死得頗為壯烈，與座艦一起沉入大海。而根據有些資料的說法，死亡的波斯陸海軍將領有三位，他們分別是——

千夫長達達西斯（Dadaces），在跳下軍艦時被長矛刺死；

萬夫長阿爾滕巴斯（Artembares），因撞上了塞倫尼亞（Silenia）礁石林立的海岸而死；

特納貢（Tenagon），巴克特里亞（Bactrians）貴族，他的屍體隨著波浪，在阿賈克斯（Ajax）島旁的海水裡載沉載浮。

這是記載有名字的，那些未被記載名字的亡命者不計其數，《波斯人》中曾這樣記載：「海面被戰艦和人體的碎片覆蓋塞滿，不復得見。海灘上、礁岩間，遍布著我方勇士的遺體。」

許多波斯將士就這樣命喪大海，薩拉米斯是他們心中抹不去的痛。

§

薩拉米斯海戰時期的波斯帝國十分強大。

薛西斯一世的治國、拓疆能力毋庸置疑，雖然他本人頗受爭議。用龐然大物來形容波斯帝國是恰當的：擁有兩百五十九萬平方千米的疆域面積，以及將近七千萬的人口。可以說，這在當時的世界中名列第一。這樣強大的霸權國家與歐洲大陸上的國家希臘相比就是天壤之別了。當時，希臘的人口數量不足兩百萬，居住地區的面積也只有十三萬平方千米。

但是，別忘了那時的波斯是年輕的，相比希臘文明，在距離帝國建立不到一百年的時間裡做到充滿活力並處在力量的巔峰，波斯人有種發自內心的驕傲。

帝國的強大得力於波斯國王居魯士大帝（Cyrus the Great，約西元前六〇〇—前五二九年）的豐厚遺產。這位波斯帝國的創建者用大約三十年的時間（西元前五五八—前五二九年）將地處偏僻的小國拓展成為一個較為強大的世界級政權。

亞述人在西元前九世紀就曾記載，波斯人源於帕爾蘇阿部落。那時，亞述人與波斯人發生過部落戰爭，他們將波斯稱作「Parsuash」，即帕爾蘇阿舒，意為「邊界、邊陲」，其地理位置大約在今天伊朗的法爾斯（Fārs）地區。最初，居魯士大帝是一個不起眼的從屬君主，在打敗米底、呂底亞、巴比倫三大帝國後聲名大噪；到了他的統治後期，疆土再一次得到拓展，涵蓋了亞細亞大多數民族所在區域：東至印度河畔，西抵愛琴海邊，南達波斯灣，北及裏海與鹹海。被史學家認為是仁政天下的居魯士大帝死於暴力，傳說中他被馬薩格泰（Massagetae）女王托米莉斯（Tomyris）割下頭顱。當時，憤怒的女王對著他的頭顱說了一句讓人不寒而慄的話：「我在戰鬥中打敗了你，可你用奸計將我的兒子殺死了，那這場仗毋寧說是我敗了。現在我便實現自己的話，讓你飲血飲個痛快吧。」說完，她把居魯士大帝的頭顱放到裝滿人血的革囊中。

根據希臘歷史學家希羅多德的說法，西元前五三〇年，居魯士大帝入侵馬薩格泰，殺死托米莉斯的兒子斯帕爾迦披西斯（Spargapises）。從那一刻開始，她就對著太陽發誓一定要報此血仇。

美麗又殘忍的女王終於報了居魯士大帝殺子之仇，德國畫家亞歷山大・齊克（AlexanderZick）以此為題材繪製了名畫〈托米莉斯將死去的居魯士的頭裝入血罐之中〉（Tomyris Plunges the Head of the Dead Cyrus Into a Vessel of Blood），同一題材的畫作還有好幾幅。

居魯士大帝之死延緩了波斯征服中東的進程，但他的後代沒讓波斯人失望，在勵精圖治後縱橫疆場。西元前五二二－前四八六年是大流士一世統治時期，那時的波斯帝國已經相對穩定了，以阿契美尼德（Achaemenid）王朝統治帝國的波斯人監管著二十個總督治下的複雜行省，波斯帝國的總督們透過行使他們手中的徵稅權力，為帝國戰爭提供重要的財物支援。

這個王朝強大的整合資源能力讓希臘人感到十足的驚訝——希臘人在小小的本土尚且不能很好地做到本民族力量的統一，波斯人卻做到了。要知道，愛琴海中的希臘島嶼與小亞細亞大陸相距僅數十英里（一英里≈一・六公里）而已，兩者在文明上也相互交融——從時間上看，這已長達幾個世紀了，希臘人不可能接觸不到波斯文明。

最好的解釋就是波斯文明不同於希臘文明，兩者之間彷彿有一堵彼此不願意逾越的牆。在西方有一種普遍觀點，認為波斯文明中重要的部分都與希臘文明截然相反，更不必說其他。譬如波斯人絕不是希臘人對外宣傳所說的軟弱和腐化。在過去，西方歷史學家對波斯帝國的研究主要是透過希羅多德、埃斯庫羅斯（Aeschylus）、尤里比底斯（Euripides）、伊索克拉底（Isocrates）、柏拉圖（Plato）、色諾芬（Xenophon）這些名家的資料和著作來分析判斷，這難免會形成一種相對固化的傾向，即波斯帝國是受制於太監和後宮的妖魔政權，極其腐化、軟弱。

如果波斯帝國就是這樣的文明形式，又何以橫掃諸國呢？這是值得商榷的。隨著考古的發掘和發現，透過對波斯文獻、碑刻的仔細檢視和研究，現在已有了不一樣的觀點。按照過去西方歷史學家的說法：城邦國家是屬於希臘、羅馬等所特有的一種國家形態，而在東方世界，國家形態不是城邦國家的形式，主要是以專制主義形式存在的。

波斯帝國，或者說阿契美尼德王朝就像鄂圖曼（Ottoman）帝國、阿茲特克（Aztec）帝國一樣，都屬於一個龐大的兩極化社會。以這種形態存在的國家要想管理好數以百萬計甚至更多的臣民，恐怕只能透過君主專制、祭司精神控制以及將軍武力強制壓迫的制度來實現。

如果這樣的觀點是成立的，那薩拉米斯海戰就是兩種不同文化間的相互碰撞，即一方是龐大而富有的集權帝國，另一方是弱小、貧窮、一盤散沙的城邦聯盟。

事實上，波斯人的確有著高效率的帝國管理模式，而這種模式是受到東方文明影響的。東方文明既讓權力高度集中，又能較好地做到有效管控——無論是稅收制度還是其他行政機構的運行，都會對社會財富的積累產生良好的促進作用。

愛琴海、東地中海在貿易中的重要性是有目共睹的。對財富的獲取方式要麼像維京人那樣進行無情掠奪，要麼像葡萄牙、西班牙那樣開闢航線，打通對外貿易的通道……。在巨大的貿易財富誘惑下，波斯帝國的大流士一世發動了長達近半個世紀遠征希臘的戰爭。

他失敗了，未能征服希臘！特別是馬拉松戰役的慘敗使波斯人恨得咬牙切齒。薛西斯一世在繼承父業後，於西元前四八〇年對希臘再次進行規模空前的遠征。現在，薛西斯一世的軍隊已經突破溫泉關並占據了雅典。為了報復，薛西斯一世下令軍隊將雅典城洗劫一空。而希臘聯軍退守到雅典西南的薩拉米斯海灣。

一場海上決戰一觸即發！

§

狂傲的薛西斯一世對勝利有著絕對的把握，他覺得數倍於雅典的海軍力量是足以摧毀一切的。不想，這次海戰的結局竟是無法挽回的失敗。隨後，希臘聯軍轉入反攻，迫使薛西斯一世退出雅典。臨走前，他下令焚燒雅典城，著名的雅典神廟就這樣在熊熊烈火中化為灰燼。

之前是洗劫，現在是焚燒，波斯人並不如雅典人說的「女人般的怯懦」，即便遭到了再次失敗。反觀當時的希臘，他們雖然在希波戰爭中取得了勝利，卻沒有在反攻中傷及到波斯波利斯（Persepolis，波斯帝國的首都）。

作為大流士一世為紀念阿契美尼德王朝歷代君主而建造的都城，希臘人習慣將它稱作波斯波利斯，意為「波斯人的城市」；波斯則稱它為塔赫特賈姆希德（Takht-eJamshid），意思是「賈姆希德的王座」。這是阿契美尼德王朝時期的第二個都城，位於今天伊朗札格羅斯（Zagros）山區的盆地中。

眾所周知，企圖擊潰一個國家意志的重要形式莫過於占領其都城，並施以暴力。

波斯人的暴虐做法已刺痛了希臘人的神經，不知道信仰拜火教，視火為神靈的波斯人是否意識到當初他們的野蠻之舉會在幾十年後遭到懲罰？

果然，到了亞歷山大大帝（Alexander the Great，西元前三五六—前三二三年）時期，西元前三三四年，亞歷山大大帝率領軍隊遠征波斯。

波斯國王大流士三世親自率軍迎敵卻慘遭失敗，大流士三世倉皇逃回波斯本土後，母親、妻兒卻做了亞歷山大大帝的俘虜。不久，亞歷山大大帝的軍隊占領了波斯本土，進入到波斯波利斯。為報波斯人燒毀雅典神廟之仇，亞歷山大大帝用當年「薛西斯式的憤怒」燒毀了波斯波利斯。大火燒了幾個晝夜，這個象徵著波斯帝國權威和強盛的石頭城就這樣在刺眼的火光中成為一堆殘垣斷壁。

我們不說「宿命論」，對於波斯波利斯的結局而言，我們只說希臘曾一度對波斯帝國產生了敬畏之心，他們害怕「薛西斯式的憤怒」，以致缺乏勇氣，曾數度不敢與波斯海軍一戰，如果不是地米斯托克利的一再堅持，這場關乎希臘命運的戰爭，其結局將是另一番景象。

讓我們把視野放得更遠一些，雖然一個世紀後的希臘人和馬其頓人在亞歷山大大帝的率領下終於占領了那個暮氣沉沉的波斯帝國，但是我們心中仍有一些疑問：亞歷山大大帝下令燒毀波斯波利斯的勇氣從何來，僅僅是報復嗎？真的是曾經讓人敬畏的波斯帝國的暴虐激發了他的怒火？

在薩拉米斯海戰前夕，波斯海軍的戰艦遭受到了海上無常的風暴摧殘，即便在這樣的情況下，薛西斯一世依然沒有後退。反觀希臘方面，就連聯軍統帥歐里比亞德斯（Eurybiades）也被波斯海軍的表面強大所震懾了。再看他的應對計畫也是消極的——放棄薩拉米斯，撤退到伯羅奔尼撒半島，在連接希臘半島的狹窄地段築起一道牆進行防禦。

雅典執政官地米斯托克利堅持反對。他知道，如果大敵當前希臘人沒有決戰的勇氣，這將是多麼可怕。希羅多德在《歷史》中記錄道，地米斯托克利憂慮萬分：難道雅典人就如此害怕波斯人嗎？雅典人真的都瞭解波斯人嗎？他不想看到將士們的消極而讓國家淪陷，於是他威脅歐里比亞德斯說：「如果你們不這麼做（指在薩拉米斯抵禦波斯艦隊），那麼我們雅典人就會直接離開希臘，帶上所有的財產和艦隊，航向義大利的西里斯（Siris），那裡自古以來就是我們的土地，而神諭也指示我們在那裡建一塊殖民地。」

兩人爭執不下。

這時，原先被雅典公民大會放逐荒島的將領阿里斯提得斯（Aristides The Just）從流放地乘快船來到了薩拉米斯島，同時也帶來了海峽北面出口被封鎖的壞消息。這個消息意味著波斯人已經切斷了希臘的後路。在無路可退的情況下，歐里比亞德斯才暫時同意在薩拉米斯與波斯海軍決一死戰。

由此看來，希臘人或多或少被波斯帝國強盛的外表遮蔽了。他們對波斯帝國的瞭解主要來自商旅、從東方進口來的奴隸、與愛奧尼亞同胞的內在聯繫、數以千計為波斯官僚機構工作的希臘雇員，以及返回故鄉的雇傭兵。值得注意的是，他們當中的大多數人對波斯國情的傳播是誇大其詞的，而這背後的心態則充斥著他們對波斯帝國治理國家能力的敬畏之心。

以愛奧尼亞的繁華為例，這是愛琴海東岸的愛奧尼亞人的居住地，相當於今天土耳其安納托利亞（Anatolia）西南的海岸地區。愛奧尼亞這個名字來自一個叫愛奧尼亞人的部落，這個部落原先很分散，他們在小亞細亞定居後就逐步形成了一個聚集體。如果沒有一種共同的思想意識，或者說有某種統一的象徵事物，愛奧尼亞人是不可能形成聚集體的。到了西元前五四六年，波斯人開始統治這裡，愛奧尼亞也被納入波斯帝國版圖。在帝國的治理下，愛奧尼亞湧現出了像以弗所（Ephesus）、米利都（Miletus）、伊茲密爾（Izmir）這樣繁華的城市。

為了讓愛奧尼亞得到更好的發展，西元前七世紀中葉，由十二個愛奧尼亞城邦組成的聯盟——愛奧尼亞聯盟成立了，成員主要包括了四部分：第一部分是以弗所、勒比都（Lebedus）、忒歐斯（Teos）、克拉佐美納伊（Clazomenae）、福西亞（Phocaea）、科洛封（Colophon）等；第二部分是米利都、美烏斯（Myus）和普里耶涅（Priene），以及所有卡里亞地區說相同方言的城邦；第三部分是擁有同一方言的希俄斯（Chios）島和埃里特萊亞（Erythrae）；第四部分是擁有自己方言的薩摩斯（Samos）島。

愛奧尼亞聯盟成立後，這些城市依靠繁榮的海上貿易變得非常富裕，對波斯帝國的強盛起到了推動作用。當時的希臘對此有何反應呢？他們只是為阿契美尼德王朝的成功管理感到無比敬畏而已，並沒有深入去瞭解這個帝國的內在屬性。除了少數人，除了像地米斯托克利這樣有見地的人。然而，他的結局太讓人感慨了：薩拉米斯海戰勝利後，作為功臣的地米斯托克利竟被雅典公民大會用「陶片放逐法」判以流放。就這樣，地米斯托克利被流放到阿爾戈斯（Argos）。「陶片放逐法」是希臘城邦一項獨特而且臭名卓著的政治和法律制度，該制度允許召集公民大會對城邦的某位成員進行放逐表決：市政廣場中央用木板圍出一個圓形場地，並留出十個入口，與雅典的十個部落相對應，以便同一部落的公民從同一入口進場。投票者在被充當選票的陶罐碎片較為平坦處，刻上他認為應該被放逐者的名字，投入本部落的投票箱。如果選票總數未達到六千，此次投票即宣告無效；如果超過六千，再按票上的名字將票分類，得票最多的人士即為當年放逐的人選，放逐期限為十年（一說為五年，但都可以為城邦的需要而隨時被召回）。

該制度的設立初衷是為了威懾想做僭主的政治家，但很快就演變成了「多數人暴政」恐怖統治的起源。後來，該制度也通用於那些因個人名望影響到城邦的人士。心灰意冷的地米斯托克利最終在謠言的逼迫下投靠了敵國波斯，這位叱吒風雲的人物最終淪為雅典人心中的叛徒。

如果地米斯托克利身在波斯，結局不會是這樣。他絕不會被公民以投票的形式透過「陶片放逐法」被制裁。但是，他身在希臘，在西元前五世紀的希臘，幾乎所有政治領袖的產生都來源於抽籤、選舉，他們在上任之前要經由一個被選出的委員會進行審查監督。任何一個執政官都不會聲稱自己具有神聖的地位。那些自詡「民主」、「自由」的暴民，始終對那似有似無的僭主，懷著一份警覺。

希臘城邦由於其地貧人稀的先天缺陷，儘管同樣實施著野蠻而且殘酷的奴隸制，但基於保障人力資源的初衷，仍對奴僕的基本人身安全進行了一定的保護。即便是私人擁有的奴隸和僕人，其主人在希臘城邦中亦不能隨意折磨或將其殺死。而反觀地大物博的波斯，阿契美尼德王朝的法律高於任何地方的法律，任何條款的發布或修改取決於君主的個人判斷。而參加希波戰爭的大多數波斯人，其在法律意義上只是「班達卡」（奴隸），或者說是薛西斯一世的「活的財產」而已。

02

薛西斯式的角逐

波斯帝國所處的時代相當於中國的春秋戰國時期。在波斯帝國的版圖中有七個郡都在中亞，而最東方的據點居魯士城就與現代中國的新疆相鄰。這就是說，波斯是地跨亞歐非三洲的大帝國，波斯文明與東方文明有著較為密切的聯繫。可以說燦爛的東方文明為波斯帶來了更為高效的帝國管理模式。

西元前二二一年，秦統一六國，開始建立專制主義中央集權制的國家，分別從政治、經濟、社會生活等方面形成了一套相對完善的管理體系，而波斯也與之有著諸多的相似。在絕對君權的統治下，帝王和由皇親國戚與幕僚組成的小朝廷掌管著這個國家的官僚機構、宗教祭祀……，那些透過他們組成的小朝廷就如同當時秦朝設置的政府機構一樣，包括官員的設置和職位的分布安排，只不過波斯人稱他們為「持弓者」、「執矛者」、「帝王之友」、「贊助帝王者」、「帝王的耳目」罷了。

行省稅收和皇家莊園的收入就能讓這個國家正常運行，為確保國家的權威不遭受到威脅，帝國的骨幹精英們與阿契美尼德皇室親族一起掌管著數量龐大的多元的軍隊。如此想來，在薩拉米斯海戰中有埃及人、腓尼基人、西里西亞人、亞洲人的參與就不足為奇了。

在絕對君權的統治下，波斯帝國是沒有「自由」概念的，即便是行省總督，他在帝國的管理體系中也被當作君主的奴僕來對待。根據R.梅格斯和D.路易斯整理的《古希臘銘文輯要》中的記載，阿契美尼德君主的權力是絕對的。書中記錄道：有一次，大流士之子西斯塔佩斯（Hystapes）在向他的奴隸——愛奧尼亞行省總督加達塔斯（Gadatas）——宣布詔諭時這樣說道：「我發現，你沒能在所有的方面遵從我的旨意……」透過這句話，我們可以看出君主在施行旨意時是多麼專制。

在波斯，儘管君主自身還沒有被完全神化，但他作為阿胡拉．馬茲達神（Ahura Mazda，波斯神話中的至高之神和智慧之神，被尊為「包含萬物的宇宙」）在人間統治的代表，已形成了神人之間某種神祕的儀式感，在這種儀式感下所彰顯的要義正體現了波斯人看待君權時的獨特性——任何屬臣、外國人在覲見波斯大王時都必須行跪拜禮。著名的哲學家亞里斯多德根據這樣的跪拜方式進行推斷——這是把人當作神來崇拜的一種證據，並據此體現波斯文化和希臘文化在對待個人崇拜上的差異，以及政治、宗教等方面的不同。

在希波戰爭中獲得巨大勝利的希臘將軍們，像雅典的小米太亞德（Miltiadesthe Younger）、地米斯托克利，斯巴達攝政王帕薩尼亞斯（Pausanias），當他們利用這場戰爭的勝利來提升個人名望時，這種炫耀的行為會立刻受到希臘同胞的嚴厲批評。再看波斯，根據《貝希斯敦銘文》[4]中的記載，薛西斯一世向世人宣稱自己是「眾王之王」。凌立在《人類大歷史》一書中記錄道，薛西斯一世還說：「如果我們征服了雅典，波斯帝國的版圖將空前擴張，它的邊界將一直延伸到神靈的天空。」透過這樣的方式，薛西斯一世的旨意或者說阿契美尼德家族的旨意很自然地、無條件地上升到不可侵叛的高度。

薛西斯一世望著波濤洶湧的海洋阻擋了前進的步伐，遂下令架橋。這是由埃及人和腓尼基人共建的一座索橋。那時候，索橋剛修好，忽然而至的狂風把橋吹斷了。

4 指大流士一世為頌揚自己，讓人用埃蘭文、波斯文、阿卡德語、巴比倫方言將其戰績刻在貝希斯敦懸崖上的銘文。

薛西斯一世惱怒萬分，不但殺掉了造橋的工匠，還在海岸邊舉行了一場特殊的儀式，用「刻上烙印」的鞭子狠狠地鞭打了大海三百次，以示對大海「不服從」自己旨意、不願意平靜下來讓波斯大軍渡海的懲罰。他對著大海狂怒道：「薛西斯皇帝將渡過你，不管你願意還是不願意！」

希臘人知道此事後，十分驚恐地說道：「宙斯啊！為什麼你變為一個波斯人的樣子，把名字改成薛西斯一世並率領著全人類來滅亡希臘呢？」這樣的專橫不僅體現在薛西斯一世身上，他的先輩們也是如此。居魯士大帝在打算渡日努河時，只因自己受了驚嚇，就下令所有士兵咒罵該河數日。針對這樣「波斯式」的表現，蒙田在其隨筆裡也有類似的描述：羅馬帝國第三位皇帝卡利古拉（三七—四一年在位）只因為母親被囚禁在一座宮殿，就下令拆毀了它。「後三頭同盟」之一的奧古斯都（另外兩位分別是安東尼、李必達，三人在波倫尼亞附近會晤，內容大致是關於瓜分統治範圍的，譬如法令的頒布，高級官員的任命，統治國家的年限，史稱「後三頭政治同盟」）在海上遭遇暴風雨襲擊，竟遷怒於海神尼普頓（Neptune），隨後在奉神大典上把尼普頓從諸神排位中扔出去，以洩其憤。

由此可見，波斯在處理諸多問題時的表現是不同於希臘人的方式和態度的，而這種方式和態度的不同也是波斯文化和希臘文化不同的體現之一。君主以阿胡拉·馬茲達神的名義在人間，凡是違背了其旨意的，都會受到最嚴厲的處罰。

因此，這場關乎征服希臘的關鍵性戰役在薩拉米斯一定會有一個了結。有阿胡拉·馬茲達神的至上不容侵犯，已沒有什麼能讓波斯人害怕和退縮的了，薛西斯式的角逐將是阿契美尼德家族的最高榮耀！

§

亞伯特·坦恩·歐姆斯特德（Albert Ten Olmstead）在《波斯帝國史》一書中有這樣一段記載：「吾神阿胡拉·馬茲達，功業甚偉，開天闢地，創世造人，維繫和平，以薛西斯為王，是為眾王之王，眾領主之領主。吾乃薛西斯，偉大之王，眾王之王，許多人民之主，廣闊大地之主，大流士王之子，阿契美尼德家族之血裔，波斯人，波斯人之子，雅利安人，雅利安人之子。」

這是最有力的證據！薛西斯一世用上述至上的權威讓那些向波斯君主宣誓效忠

的皇親國戚、貴族精英等必須毫無條件地為帝國出力。

戰爭中最需要的「利器」之一就是軍隊了，帝國最著名的皇家軍是一支職業化的步兵，與輔助他們的重裝、輕裝步兵共同組成的皇家軍隊。除此之外，還有大量的騎兵、戰車、遠端攻擊軍隊進行相應支持。

這支軍隊內部構成複雜，其成員徵召自不同的地區，士兵說著幾十種不同的語言。裝備方面有劍、匕首、短矛、鶴嘴鋤、戰斧、標槍等；護具則有柳條盾、皮甲背心和鏈甲衫。這樣的裝備在當時是多麼精良啊！卻因缺乏有針對性的軍事操演，譬如士兵不知道如何固守自己在行列中的位置，也缺乏與其他作戰單位協同的概念，使其戰鬥力、靈活力大打折扣。特別是那些身穿重約三十二公斤甲胄的重裝步兵，雖然陣勢宏大，氣勢威猛，卻很難在草原崛起的年代裡發揮出應有的作用（這裡主要指波斯帝國與斯基提亞人的戰爭，也包括與白匈奴之間的戰爭結果。重裝步兵在很多時候並不適合草原作戰，草原作戰更需要的是機動性更強的軍隊）。因為過於重型的裝備會讓這樣的軍隊既不適合遠距離衝擊，也不適合單兵作戰。

反觀希臘軍隊，他們不完全依賴重裝步兵組成的方陣就可進行強有力的衝擊，打破一切敵軍的騎兵和步兵的阻礙，相對輕便的負重讓他們可以做到在速度上快於波斯軍隊。據說，希臘對波斯重裝步兵品質頗為輕視，根據維克托・大衛斯・漢森（Victor Davis Hanson）在《殺戮與文化：強權興起的決定性戰役》一書的記錄，著名的阿卡迪亞外交官安條克（Antiochus）在西元前四世紀早期的時候對此就有過中肯的評價：「波斯軍隊中沒有任何一個人能夠勝任對抗希臘人的戰鬥。」（There was not a man fit in Persia for battle against Greeks.）這算是最有力的還擊了。

在戰鬥時，波斯帝國的君主會站在一輛巨大的戰車中，在衛隊的重重保護下發號施令，居於戰線的中央參與戰鬥。根據希臘歷史學家的記載，我們會發現波斯軍隊一旦戰敗，君主總會帶頭逃跑，他不會因此而感到蒙羞，那些下級軍官將成為替罪羊，並被處以極刑，像薩拉米斯海戰中的腓尼基船長們就遭受過這樣的待遇。

與之形成鮮明對照的是，在希臘的城邦歷史中，那些著名的將領諸如小米太亞德、阿爾西比亞德斯（Alcibiades）、伯里克里斯（Pericles）、布拉西達斯（Brasidas）、來山得（Lysander）、伊帕密濃達（Epaminondas）、佩洛皮達斯（Pelopidas）等，很多時候即便打了勝仗，要麼被放逐，要麼被處以罰金，要麼被降級，或者與士兵一起戰死疆場，甚至還有被施以極刑的。西元前四〇六年的阿吉紐西海戰（Battle of Arginusae）中的雅典將領，西元前三六九年的「曼提尼亞獨立戰爭」中發揮重要作用的將領伊帕密濃達，都是如此。這些將領受到指控或處罰，很多時候不是因為在戰場上表現怯懦、指揮不當，更多是他們忽略了麾下公民士兵的福利擁有或分配，沒能同平民監察官保持親和的聯繫。

如果波斯帝國的將士有機會同希臘的將士進行一次暢談，他們在暢談中是否會發出這樣的疑問：「我們在為誰而戰？我們又為什麼要戰？這樣去戰鬥的意義何在？僅僅是為了阿胡拉．馬茲達神在人間的統治嗎？」

這或許是最讓波斯人痛苦的！

那些數以千計的地主和商人在為波斯帝國的繁榮提供豐富物質的同時，也享有一些特權。戰爭在某種層面上來講，也可以說是對財富的掠奪，將士們馳騁在隨時都有可能喪命的疆場，是否擁有像帝國的地主和商人一樣的回報？

答案讓人痛苦！

擁有土地就代表擁有了最重要的財富。古典時代的雅典人擁有的農場面積沒有一個是超過一百英畝（一英畝≈四〇四六平方公尺）的，而在阿契美尼德王朝，甚至是在之後被希臘化的王朝，我們會吃驚地發現超過一千英畝的巨型莊園並不罕見。

在波斯帝國，薛西斯一世的一個親戚所占有的土地就有可能超過所有波斯艦隊槳手所擁有的土地。

最好的土地絕大部分由祭司集團掌管著，他們將這些土地分配給佃農或外居波斯的領主耕種。前者因地位卑微、生存環境惡劣逐漸喪失在土地使用中的主動權；隨著時間推移，後者的土地面積會大量增多，他們擁有的土地多則達幾個村莊。而最嚇人的是，波斯君主擁有帝國的每一寸土地，他可以隨時收回任何土地，或者將土地的所有者直接處死。所以，還有什麼是比「薛西斯式的憤怒」更可怕的呢？

在希臘就不一樣了！

他們在對待土地的態度上呈現出很大的不同。公有土地或提供給祭司的土地面積都是有限的，一般來講不會超過城邦周圍百分之五可耕種的土地面積。在財產方面的分配和持有也是比較合理的，那些二次土地會透過標準化的拍賣進行，且保持較低的價格。在新進的殖民地城邦，會將土地進行統一分配或公開銷售，絕不會把它們分配到少數的精英手中。以軍隊中的重裝步兵階層為例，即便他們在戰爭中發揮十分重要的作用，一名戰士所擁有的土地大約也只有十英畝。

希臘的任何公民不會在未經審判就被處以死刑。他所擁有的財產沒有經過議政院或是公民大會審議，是絕不能被沒收的。儘管到了希臘後期，這些很公平的待遇遭到了弱化，但他們對財產、人權的尊重觀念始終是存在的。這種尊重的觀念為後來西方革命提供了可延續發展的土壤，它們在文藝復興時代自由的、積極的思潮中得到體現。

為了加強專制統治，波斯帝國高度重視神權的至高無上性。阿契美尼德王朝的君主自稱是阿胡拉·馬茲達神在人間統治的代理人。同時，為了弱化民眾的逆反心理，君主會刻意強調自己不是神的化身。時間在很多時候是可怕的，在潛移默化中，波斯人的意識裡會自然形成「皇室血脈具有神聖權力」的觀念，而這種觀念的形成還與大量的祭祀活動有著不可分割的關係。根據阿契美尼德的波斯文字資料，不管是碑刻還是宗教祭文，它們都與波斯君主、祭司以及官僚相關，而內容基本上是宗教、政務方面的。如果沒有波斯君主的授意和批准，是絕對不允許發表與之無關的內容的，像普羅達哥拉斯（Protagoras）、阿那克薩哥拉（Anaxagoras）這樣的智者在波斯是無法生存的，因為他們的自由思想一旦侵犯到王權，必將受到最嚴厲的懲罰。

普羅達哥拉斯，這位希臘哲學家以淵博的知識成為智者派的主要代表人物。他認為「人是萬物的尺度，是存在的事物存在的尺度，也是不存在的事物不存在的尺度」。這一主張把人置於世界和社會的中心。換句話說，它與原始的「以神為主的宗教思想」存有截然的不同，難怪他的著作《論神》會被焚毀了。雖然他晚年因「不敬神靈」被逐出雅典，死於渡海去西西里島的途中，但是他在很長時期內受到了雅典人的尊重和愛戴，這足以說明他在希臘活得更自由。

在波斯，在被征服的區域，諸如巴比倫人、猶太人這樣的民族，他們只能在帝國君主允許的地方膜拜自己的神靈。

波斯君主為了宣傳帝國取得的勝利，許多與之相關的舞臺劇、詩文中的主角必須是薛西斯一世本人。在取得巴克特里亞（大夏—希臘王國）戰爭的勝利後，一段關於戰爭勝利的紀念文字就是最好的證明。奧姆斯德在《波斯帝國史》一書中記錄了眾王之王薛西斯一世的豪言：「我登基稱王之時，以上所載之土地中，尚有一地不安其位。此後，吾神阿胡拉．馬茲達賜福於我。憑藉神威，我擊垮了這塊土地上的一切反抗，令其俯首歸位。」

在神權至上的波斯帝國裡，雖然文學、天文、數學等都曾高度發達，但是這樣的學科只能是宗教的附屬品。它們所取得的成就和進步都是為了提升宗教背景下的預言藝術罷了。

在希臘，儘管許多古典時代的雅典人對宗教的虔誠度相對於波斯人不遑多讓，可至少那些保守的人們想要把無神論者從城邦中驅逐出去，他們會進行看似合法的公開審判，爭取有更多的公民票數來決定無神論者的去留。

波斯帝國的法令被視為神聖不可侵犯的。阿契美尼德王朝的君主經常宣稱：「吾之意即阿胡拉·馬茲達神之意志，反之亦然。」[5] 這樣看來，當初薛西斯一世面對波濤洶湧的大海發怒時的表現就不足為奇了。

如果是亞歷山大大帝，就算他成了大帝也不能以「波斯帝國君主」的方式進行發號施令。倘若他一意孤行，一定會遭到包括他手下最忠誠的馬其頓領主們的不滿，品嘗被刺殺、發動政變或者被領主們拋棄、流放在外的惡果。

假如時間能夠倒流，不知道波斯帝國的將士們在面對這樣迥然不同的待遇時，內

5 主要根據波斯文獻中的說法，阿契美尼德王朝時期的主要資料可以參閱理查·弗賴伊（Richard Frye）所著的《古伊朗的歷史》（*The History of Ancient Iran*）。

心會有怎樣的波瀾。

§

對許多希臘人來說，他們不會忘記在溫泉關一戰的慘痛失敗。三百斯巴達勇士利用這個狹小的關隘拼死抵抗了三天，阻擋了幾十倍於己的波斯軍隊。據說，他們是在殺了近兩萬人（說法不一，有記載說是七千人）的波斯軍隊後才全部壯烈犧牲的。然而，波斯人的殘酷讓希臘聯盟感到了恐懼。這種恐懼除了心理上的，還在於希臘聯軍遭受到了歷史上最為慘重的損失——兩百九十八名精銳的斯巴達勇士喪生，對整個希臘聯軍來說是不願提起的傷痛。

根據希羅多德的記載，當時整個希臘聯軍的人數在七千人左右，因卡尼亞節的到來，依據斯巴達的法律，在卡尼亞節期間任何軍事行動都必須停止，但波斯人來勢洶洶的進犯同樣不容忽視。於是，斯巴達的元老們決定破例派出一支由列奧尼達率領的一千兩百人的精銳部隊（其中兩百九十九名王室衛隊，還有約九百人是普通戰士或者奴隸）趕赴溫泉關。

這就與電影中所說的三百斯巴達勇士有很大的出入了。不過，這些都是能理解的，畢竟為了宣傳或達到某種藝術效果，難免存在誇張的成分。溫泉關戰役後，薛西斯一世面對付出沉重代價才得到的勝利憤怒不已，他下令割下戰死的斯巴達國王列奧尼達的首級，並把屍體釘到十字架上。希羅多德對此指出，這在波斯傳統中十分罕見，通常波斯人十分尊敬那些英勇不屈戰死的敵人。

西元前四八〇年八月，在溫泉關附近的希臘聯盟艦隊也在阿提密西安（Artemisium）海岬（又叫陸岬，指深入海中的尖形陸地，一般是三面環海的陸地，面積大的海岬會形成半島，像好望角就是很著名的海岬）、尤比亞（Euboea）島北部投入了戰鬥。經過三天的拉鋸戰後，希臘軍隊開始戰略性撤退。現在，薛西斯一世的軍隊可直抵雅典城下了，並可占領其周圍的阿提卡地區。在這一地區的大部分平民已經被及時疏散到薩拉米斯島、埃伊納島、特洛曾（Troezen）等地。

這樣的疏散是極為正確的，希羅多德在《歷史》中寫道，德爾斐（Delphi）神廟的預言者曾發出了可怕的預言：「敘利亞的大車載來火和阿瑞斯的憤怒，血流成河，雅典淪為丘墟，逃跑是唯一的生路。」聽到此預言的雅典人決定不回家鄉了，他們再次詢問神諭，這次預言者說她看到了「木頭建成的城牆」，即便所有的地區淪陷了，雅典人也會憑藉它戰鬥到底。她還說，薩拉米斯將是戰爭決定勝負的地點。

執政官地米斯托克利對這個預言做出了更為準確的解釋：木頭建成的城牆就是指一支艦隊，不是真正城市的塔樓和柵欄。當務之急，雅典人必須抓緊時間建造三列槳艦船，訓練適用於戰鬥的槳手，並讓婦孺在薩拉米斯附近避難。

希臘聯盟的艦隊在薩拉米斯海灣集結，地米斯托克利吸取了在阿提密西安海岬、埃維亞島北部戰鬥中的教訓，他認為在寬闊的海面上進行戰鬥風險極大，最好能將海戰地點選在一個有限的空間裡。他的這一觀點遭到了雅典人和斯巴達人的激烈質疑：斯巴達人希望把防守地點設在科林斯地峽，就算失敗也可退守伯羅奔尼撒半島；雅典人則希望海軍可以撤退，與陸軍會合，保衛本土。溫泉關戰役失敗後，雅典人已經在科林斯地峽修築了一條防禦城牆。

希臘該何去何從？這樣的爭執最後會有一個什麼樣的結果？如果希羅多德的記載是完全正確的，那麼地米斯托克利在薩拉米斯海戰中起到的關鍵性作用將毋庸置疑。我們甚至還可以推斷出他在戰爭勝利後被「陶片放逐法」制裁不是空穴來風，完全可以說他犯了叛國罪。

事情的真相是什麼呢？

地米斯托克利在看到自己的提議被否決後就使用了詭計，決定派遣希辛努斯（Sicinnus）祕密去薛西斯一世那裡。據說希辛努斯是一名有波斯血統的戰俘，效忠於地米斯托克利，成了地米斯托克利的僕人，還是他兒子的家庭教師。希辛努斯告訴薛西斯一世：其實地米斯托克利是站在波斯帝國這邊的，希臘人內部並不齊心，他們打算逃走，那麼尊敬的波斯大王，你可以命你的將士包圍打算逃跑的希臘人，並消滅他們的海軍。

薛西斯一世相信了，隨即將海峽團團圍住，封鎖了希臘戰船的一切退路。這樣，當希臘人不想準備戰鬥的時候，地米斯托克利便可以強迫他們鼓起勇氣去戰鬥了。

希羅多德的記載是值得懷疑的，他是在薩拉米斯海戰結束幾十年後才寫下關於希波戰爭的文字，且時常在文字中加入自己的主觀臆斷。

事情的真相到底是什麼呢？

當所有的波斯戰艦都集結在法勒倫（Phalerum）港（因海上貿易需要，雅典人修建了此港），薛西斯一世決定聽取將領們的意見，他坐在象徵著權威的王位上，來自各民族的海軍將領諸如西頓（Sidon）王、泰爾（Tyer，又譯推羅）王等列位而坐，指揮官馬鐸尼斯（Mardonius，薛西斯一世的重臣，也是他的姐夫）開始向他們當中的每個人徵詢波斯的海軍是否應進行海戰。當時，大部分將領表示可以一戰，只有來自卡里亞省首府哈利卡納蘇斯（Halicarnassus）的女王阿爾特米西亞（Artemisia）提出了反對意見。

雖然薛西斯一世認為她的反對是有理的，但是他還是選擇了大多數人的意見。事實證明阿爾特米西亞的反對是正確的。英國軍事理論家李德哈特・哈特（B. H. Liddell Hart）在其所著的《戰略論》一書中提出了著名的「間接路線戰略」，並對阿爾特米西亞的戰略做出了肯定，他這樣寫道：「在波斯陣營裡，只有一個人反對薛西斯一世關於立即發起戰役的決定。這就是來自哈利卡納蘇斯的阿爾特米西亞。她建議放棄這次戰役，採取另外一個計畫——讓波斯艦隊與陸軍部隊協同作戰進攻伯羅奔尼撒。她預料這樣可以迫使伯羅奔尼撒聯軍的艦隊在面臨威脅時逃回自己的港口，從而瓦解整個希臘艦隊。她的建議看來是經過深思熟慮的，而且這一點也正是地米斯托克利所擔心的。」

溫泉關戰役敗北後，希臘人意識到在溫泉關的「英雄式失敗」不能再重演。波斯軍隊占領了色薩利（Thessaly）和維奧蒂亞（Voiotia）後，在這兩個地區得到了補給。

希臘人想在陸地上與之較量的打算完全落空，並且還深切地知道失去了維奧蒂亞就意味著損失了能招募到最優秀的步兵的徵募地之一。如果貿然在陸地開戰，迎接他們的將是被絞殺的命運。

從希臘海岸線向南看，我們會發現薩拉米斯島的特殊性。它和科林斯地峽之間沒有更大的島嶼了，就算繼續向南到阿爾戈利斯（Argolis）半島北岸也是如此。這意味什麼呢？意味著希臘不能利用海峽和峽灣狹窄的地形條件彌補艦隊在數量、裝備上的劣勢，即便希臘的其他盟友能說服雅典人在薩拉米斯以南作戰，讓埃伊納島和薩拉米斯島上的民眾向南撤，仍然危險重重。

就算這樣的策略得以實現，雅典人能與阿爾戈利斯半島上的城邦特洛曾會合，形成兩條同波斯軍隊展開決戰的戰線：要麼在南面的開闊水域與波斯人進行交戰，要麼放棄在科林斯地峽的防禦和波斯人交戰。但是，這兩條戰線勝利的可能性極為渺茫，因為在外海區域希臘聯軍的力量無法與龐大的波斯軍隊抗衡。

依據希羅多德的記載，地米斯托克利向盟軍的將軍們發表的戰前演說中有一段耐人尋味，他嚴厲拒絕了在科林斯外海同波斯人交戰的方案。他憂心忡忡地說：「倘若你們和敵人在地峽外海遭遇，你們就不得不在開闊水域進行戰鬥，如此一來我們的劣勢就暴露無遺，因為我們的艦船更為笨重，而且數量也較少。此外，即便我們在那裡獲勝，我們也會不得不放棄薩拉米斯、邁加拉（Megara，又譯墨伽拉）以及埃伊納。」

在薩拉米斯海戰以前，希臘各城邦都不是海上強國。雅典擁有當時希臘最強大的海軍，其數量也不過三百到三百七十艘三列槳戰艦和五十餘艘單層槳戰船而已。波斯原先是沒有海軍的，在征服地中海沿岸的腓尼基（Phoenicia）和埃及以後，收編了他們龐大的艦隊。當時，薛西斯一世的波斯遠征軍約有八百到一千艘戰艦，其中三列槳戰艦至少六百五十艘（說法有爭議，一些希臘學者認為是一千艘），其海上力量迅速崛起，並建立了海上霸權。

力量這般懸殊，希臘想要取勝只能智取。倘若地米斯托克利的詭計行為是叛國，那這場能挽救希臘命運的戰爭也是值得的。

真相就快浮出水面了。

§

雅典人奈希菲里烏斯曾警告地米斯托克利，如果不在薩拉米斯背水一戰，希臘聯盟就很難再度集結起一支較為龐大的艦隊了。因資料缺乏，我們無法知道此人更多的資訊。不過，希羅多德的資料裡說他還進行了這樣的預測分析：每個人都會撤回自己所屬的城邦中，無論是歐里比亞德斯（斯巴達人，希臘同盟艦隊最高指揮官）還是其他人都沒法把他們再集結起來，同盟艦隊就會因此分崩離析。

波斯方面有沒有意識到上述問題的可怕性呢？如前文所說，來自哈利卡納蘇斯的女王、薛西斯一世的海軍將領阿爾特米西亞已經意識到這個問題，並且她還冒著性命不保的危險向薛西斯一世進行了勸諫。希羅多德在《歷史》中記錄了她的話：「對希臘人而言，只有在薩拉米斯進行一場海戰，才能將所有那些爭論不休的城邦團結起來對抗波斯大軍。」她的建議非常中肯：避免在薩拉米斯交戰，暫且按兵不動，然後再透過科林斯地峽登陸，逐漸向南進兵是不錯的選擇。

如果阿爾特米西亞的建議被薛西斯一世採納了，就會形成希臘方面曾設想過的在薩拉米斯以南作戰的局面。實際上，希臘方面有很多人都希望在陸地上與波斯軍隊展開對決，像伯羅奔尼撒半島上的人們就非常頑固地堅持應在陸地上進行防禦，並且在爭論不休的時候，他們的陸軍已經開始匆忙地在科林斯地峽修建防禦工事了。

這是非常愚蠢的決定和堅守！波斯軍隊可以沿著伯羅奔尼撒的海岸任意選擇登陸地點，然後登陸的軍隊可繞到希臘陸軍的背後發動突然襲擊。

現在，擺在清醒人、睿智者地米斯托克利面前的問題就非常嚴峻了。拯救希臘文明，關係到整個希臘的存亡，這是他的使命。面對一個比希臘大二十倍的帝國，要想強迫敵人或者說引誘敵人在薩拉米斯進行一場海上決戰，除了讓希臘海軍將士勇氣激增、同心協力，還取決於地米斯托克利心思敏銳和預先實施的策略的成功：除了準確預估到了波斯海軍造成的威脅外，他還極力主張利用勞里昂銀礦收益中的較大部分作為新建海軍的費用，擴充了近兩百艘戰艦，讓希臘的海軍力量有了較大提升，及時做好了戰爭準備。

鑒於希臘海軍的戰艦在數量和適航性方面的劣勢，地米斯托克利認為「取勝的唯一機會就是將波斯艦隊引誘進大陸和島嶼之間的狹窄水道中」。因為在這一水域能讓強大的波斯艦隊缺乏充足的機動空間。這樣一來，敵方就會失去在數量和性能上的優勢，而誓死一戰的海軍將士會不顧一切地利用三列槳戰艦打敗敵人。

根據一些學者分析，當時希臘海軍的艦船品質是差於波斯帝國的。很有可能他們因時間緊迫或者技術上不成熟，用於建造艦船的木材未經晾乾，或者體積過大導致轉向不夠靈便。

種種不利的因素，迫使地米斯托克利必須利用詭計讓波斯艦隊進入到狹窄水道中。顯然，他的詭計成功了。希辛努斯不負使命，他成功地讓波斯人相信希臘人會透過埃萊夫西納灣（Elefsina，位於薩拉米斯島以北）向南撤退，並途經邁加拉海峽。因為，薩拉米斯島位於埃萊夫西納灣南面，東西兩端都形成狹窄的海峽。西端在薩拉米斯島與邁加拉之間，後者在辛諾蘇拉角（Kynosoura）與比雷埃夫斯（Peiraias）灣口（今比雷埃夫斯港）間。

作為回應，波斯人認為分兵在薩拉米斯島的南北兩岸進行堵截是比較好的選擇。但是，波斯方面忽略了這種分兵方式帶來的弊端，即削弱了原有的兵力優勢。

地米斯托克利故意對薩拉米斯到邁加拉之間的海峽不加設防。要知道，邁加拉就在薩拉米斯島的對岸，如此大膽地打開一個缺口是需要非常大勇氣的。

薛西斯一世對戰爭形勢估計過於樂觀，畢竟他的軍隊一路頗為順利地推進到了雅典。在攻陷衛城後，他下令屠殺了所有的守衛人員。這個令人恐怖的消息很快傳到了希臘艦隊，許多船長和船員匆匆上船，扯起風帆準備逃走。此外，關於戰或逃的問題，希臘方面也是莫衷一是。而薛西斯一世在這時候收到了一封地米斯托克利故意設計的一封信：等到夜幕將垂時，希臘人不會堅持下去，他們將趁黑暗掩護，各自飛奔逃命。

這樣的場景無形中印證了地米斯托克利派遣希辛努斯對薛西斯的說法，使得波斯方面更加相信作戰計畫不會有什麼問題。

西西里的歷史學家狄奧多爾（Theodor）為薩拉米斯海戰前夕發生的事做了稍多一些的記載：一個來自薩莫斯島的人向希臘聯盟透露了波斯帝國的作戰計畫。這裡面有一個細節值得深思，透露作戰計畫的那個人是受愛奧尼亞的雅典人所派。也就是說，在波斯帝國的境內出現了間諜，版圖內的人民也並不都是忠誠於薛西斯一世的。

希臘聯盟的艦隊數量與波斯艦隊相比至少處於1：2的劣勢，考慮到雙方之前在阿提密西安海岬及周遭的戰役消耗，在即便得到了相應補充的情況下，希臘方面大約有三百到三百七十艘戰艦，波斯則有六百艘以上。不過，根據希羅多德、埃斯庫羅斯的說法，波斯艦隊超過了一千艘，並有二十萬海員，這是含有誇張成分的。

上述這些不利的、隱藏在暗角處的因素都將成為波斯敗於希臘的重要原因，而地米斯托克利也因利用特殊的作戰地理環境，成功地將劣勢幾乎化為無形。於是，以弱勝強的可能性就更大了。

03
走出希臘的國界

作為阿胡拉．馬茲達神在「人間統治的代理人」，薛西斯一世要做的事就是坐在岩岬的一個王座上俯瞰戰鬥的整個經過。微風吹過薩拉米斯海峽，也吹過他信心滿滿的臉龐。

海面的狹窄讓波斯人不得不緊縮艦隊陣型。希臘的艦船比波斯的狹長一些，而船舷也略低，它們因此能保持較好的陣型。波斯的艦船因把持不住航道，難以保持住陣型，加之他們又將許多戰艦開進了如此狹窄的水域。當希臘的艦船利用撞角進行撞擊時，波斯艦隊的陣型立刻變得混亂不堪。

一場捕魚式殺戮就此展開了！埃斯庫羅斯在他的著作《波斯人》中有著精彩描述：「就像人們用長矛追逐金槍魚群一樣，他們用槳杆彼此殺戮，投擲礌石，一切都在毀滅，呻吟之聲不絕於耳，哀號在整個海面上響起，直到消失在濃郁的夜色之中。」

在水面上，船板、木槳、傾覆的船隻、大量的屍體、染紅的海水，它們混雜在一起，許多波斯人不會游泳。如果埃及人參戰了，結果或許會不一樣，我們不明白薛西斯一世為什麼不讓作戰經驗豐富的埃及分艦隊參與戰鬥，而讓他們一直毫無意義地等待在遠方背面的海峽出口。

地米斯托克利英勇無畏地在他的座艦中指揮著希臘艦隊戰鬥，波斯艦隊傷亡慘重，就連大將阿里亞比涅斯都陣亡了。儘管波斯人也曾試圖登上敵方的三列槳戰艦殺死對手，但他們的努力徒勞無功：不同民族組成的艦隊很難在危急時刻保持相互協作，他們不得不陷入自保都難的境地中。

失去了戰鬥能力的波斯艦隊，能逃走的則逃走了。薩拉米斯的海面在狂野的混亂翻騰後歸於平靜。

夕陽中，痛心疾首、無計可施的薛西斯一世扯下戰袍，離開觀戰寶座，經由赫勒斯滂海峽（Hellespontos，今達達尼爾海峽或恰納卡萊海峽）踏上了返回波斯的歸途。薛西斯一世留下他的重臣，也是他的姐夫馬鐸尼斯繼續指揮一部分波斯軍隊將希臘本土的戰事延續到了下一年。

薩拉米斯海戰遏制住了波斯人的攻勢，暫時阻止了波斯征服伯羅奔尼撒。也許是出於憤怒，也許是不甘心失敗，這支由馬鐸尼斯指揮的波斯後衛部隊在希臘內陸異常厲害，在長達一年的時間裡橫行無忌。

西元前四八一年，雙方在普拉提亞（Plataea）城附近展開決戰。由斯巴達國王帕薩尼亞斯作為聯軍的陸軍統帥，希臘聯軍因糧盡而撤退，遭到波斯軍的追殺。誰知身先士卒的馬鐸尼斯意外陣亡了，致使結果出現驚天逆轉：希臘聯軍竟然反敗為勝了！而發生在同一年的米卡勒（Mycale）之戰，波斯海軍的失敗更是讓波斯帝國元氣大傷，隨後希臘聯軍反守為攻。

薛西斯式的角逐就這麼悲劇地結束了，但薩拉米斯海戰為後世留下的影響是深遠的。

希羅多德認為是地米斯托克利將雅典人成功地打造成了「弄潮兒」[6]，而這場海戰也讓希臘成為一個新的海上強權，開啟了屬於希臘的黃金時代。

《希臘史》的作者恩斯特・庫爾提烏斯（Ernst Curtius）更是直言：「直到那個時候，還處於地方州一樣保守狀態的希臘人民，突然就進入了世界貿易。」

6 指朝夕與潮水周旋的水手或在潮中戲水的年輕人。比喻有勇敢進取精神的人。

這個廣泛地介入世界政治的就是雅典人，在戰爭勝利後，雅典人建立起了由希臘、愛琴諸島和小亞細亞的一些城邦組成的提洛同盟（Delian League，也叫雅典海上同盟，因同盟的金庫設在提洛島而得名），用以防備波斯捲土重來。同盟還讓雅典成為諸國的政治領袖。當來自波斯帝國的威脅解除後，雅典開始利用這個同盟維護自己在愛琴海的霸權。

最有力的證據是：西元前四五四年，用於儲放戰爭所需財力的金庫被從提洛島遷至雅典，而作為決議機構的聯盟大會也被廢除了；如果聯盟的其他成員表現出不忠，雅典就會利用這個聯盟將它摧毀。這樣看來，雅典無疑就是薩拉米斯海戰的最大受益者了。按照修昔底德的觀點，在薩拉米斯的戰場，雅典人樹立起了一座紀念碑，透過這座紀念碑，我們完全忘記了以往人們對斯巴達人的簡單印象——他們只是以勇猛著稱了。

希羅多德記載，在薩拉米斯海戰後，雅典人只用了普拉提亞戰役所獲得戰利品的十分之一為奧林匹克運動會鑄造了一尊宙斯像、一尊波塞頓神像以及一根用於獻給德爾斐阿波羅神廟的「蛇柱」。單說這「蛇柱」，它用來慶祝希臘聯盟戰勝了波斯帝國，也是所有古希臘城邦共同聖地德爾斐阿波羅神廟的尊貴禮物。其高度為十公尺，採用青銅鑄造，由三條互相纏繞的蛇構成了柱面圖案，在柱頂鑲嵌著由三個蛇頭支撐的金碗。在西元四世紀，君士坦丁大帝將蛇柱從德爾斐的神廟移到了君士坦丁堡（Constantinople，今土耳其伊斯坦堡）的賽馬場。

上述行為無不說明雅典人心中的自豪感，而這種自豪感的背後盡顯兩種不同文化碰撞下的國民意識提升，這是自由者奮鬥的產物。如果說器物上的象徵彰顯了雅典人戰勝波斯人的榮耀，為自由而戰的雅典人則是這場捍衛尊嚴的戰爭中最強有力的力量。西元前四八〇年的希臘在捍衛自由的渴望下走出了希臘的國界，這是用槍矛、戰斧、水槳爭取而來的勝利。

希羅多德指出，雅典人在他們民主政體的戰鬥力遠勝於原先在庇西特拉圖（Peisistratus）家族僭主們統治的時代[7]。希羅多德在《歷史》中寫道：「只要雅典人還在獨裁暴君的統治下，他們在戰爭中取得成功的機會就不會比周圍的鄰國強……但作為自由人，每個個體都會渴望為了他自己去完成些什麼事業。」

7　僭主庇西特拉圖統治期間，在梭倫的主導下實行憲法改革，其中最重要的一點就是提高了雅典下層階級在經濟、政治、社會上的地位。

是的，他們知道在戰場上揮動著武器，哪怕流出鮮血，甚至丟掉了性命，都是為了自己、自己的家庭及財產而戰。相比波斯帝國的奴隸、雇傭兵軍團，這些自由的士兵更能將潛能發揮到極致。

戰爭勝利後，建立在德爾斐阿波羅神廟的紀念碑上刻有讓人記憶深刻的銘文：「廣大希臘的拯救者們豎立了這座紀念碑，是他們保衛自己的城邦，使之免受令人厭惡的奴役。」[8]

波斯方面對造成這次厄運的部屬進行了嚴厲的處罰。早在溫泉關戰役中，波斯人按照慣例——這當然是非自由的——軍官們用鞭子驅趕著士兵向敵軍衝鋒。當地米斯托克利被自己戰艦上的水手指責、在雅典公民大會上遭到嘲笑時，薛西斯一世卻坐在華麗的王座上讓麾下的將士們感受到恐懼——阿胡拉·馬茲達神在「人間的代理人」正俯視著他們，如果他們不願意為帝國而戰，表現出遲疑或退縮，都將會受到嚴厲的懲罰。有時候，甚至是連坐，一人被懲罰，一條船的人都會遭到牽連。

8 狄奧多羅斯的《歷史叢書》，中文版書籍可參閱《希臘史綱》。

在希羅多德和埃斯庫羅斯的作品中都曾提到一件陰森恐怖的事。來自呂底亞（Lydia，小亞細亞中西部的一個古國，瀕臨愛琴海，被居魯士大帝征服）的皮西烏斯一家遭受了非人的懲罰。這位老人向薛西斯一世請求，懇求他讓自己五個兒子中的一個留在亞洲，不用跟隨遠征大軍踏上前往歐洲的征途。當時，薛西斯一世非常生氣，立刻命人將皮西烏斯最愛的兒子肢解了。他的軀幹被釘在道路的一旁，雙腿則被釘在了另一旁。血腥程度不忍直視！

薛西斯一世這樣做的目的很簡單，就是為了讓那些不遵從他意志的人看到這破碎腐爛的屍體時仔細想想代價有多麼慘重。更讓人震驚的是，在薩拉米斯海戰中，薛西斯一世的祕書們會記錄下將士們在戰鬥中或勇敢或怯懦的行為，以便作為戰後獎懲的依據，而他們的死活彷彿是不被人關心的。

大流士一世在馬拉松平原的戰場上讓六千四百名帝國戰士喪命；溫泉關戰役，波斯人付出了上萬生命換來了慘烈的勝利，從而打開了通往希臘諸城邦的通道；在阿提密西安海岬，一場可怕的海上風暴就有可能讓兩百艘波斯戰艦沉沒；普拉提亞戰役中五萬士兵的喪命讓帝國元氣大傷……為了征服一個城邦國家，幾十萬人因波斯君主徒勞無功的征伐而死在他鄉。

這些，難道不是最為嚴厲的懲罰嗎？他們根本沒有主宰自己命運的權力！

§

希波戰爭的結束讓希臘感受了薩拉米斯的神聖，這正如他們所紀念的一樣，他們是為「所有希臘人的自由」而戰，並且他們戰勝了不可一世的波斯人，自然是值得大書特書的，而從中受益最大的雅典人幾乎將波斯戰爭的歷史據為己有。

這一點，我們從「敘事大師」、「歷史寫作之父」希羅多德的作品中可以看出。就地米斯托克利來說，這位偉大的、充滿傳奇色彩的政治人物因希羅多德的書寫而變得更加揚名。「古希臘的悲劇之父」埃斯庫羅斯早年參加過馬拉松戰役，四十五歲的時候以重步兵的身分參加了薩拉米斯海戰；八年後，他將自己的親身經歷寫進了著名的悲劇作品《波斯人》中。在這部書裡，他悲劇地敘述了這場戰爭的歷史，並針對這場次戰爭中波斯宮廷的反應做了描述。

呈現在雅典公眾面前的希羅多德和埃斯庫羅斯的作品既是一部波斯的歷史，也是以雅典為視角寫作的歷史，彷彿就是要告訴世人：專制的波斯君主是如何低估了雅典人的能力和反抗意志，是如何在無能中一步一步將帝國引向毀滅的。德國著名詩人杜爾斯・格林拜恩（Durs Grünbein）的說法可能更為精闢，他在《埃斯庫羅斯・波斯人》中說：「其中一種作為舞臺上的寓言充分體現了一個詩人的視角，由此作為藝術形式的悲劇誕生了。另外一種成為歷史文獻彙編的典型範例，開啟了歷史寫作的時代。二者第一次共同構建出了西方文化思想的行動方式，直到今天我們還深受影響。」

因此，我們完全可以說薩拉米斯海戰就是不同文化角逐下的產物。專制主義下的帝國敗於城邦式的國家，小城邦裡底層的公民——他們當中大多數為槳手——憑藉划槳打敗了不可一世的波斯人，為自己贏得了地位，贏得了尊重。

希臘著名歷史學家普魯塔克在地米斯托克利的傳記中這樣寫道：「地米斯托克利不僅要把港口和城市調和得水乳交融，還要使得城市絕對依靠和從屬於港口。也就是說陸地要聽命於海洋，增加人民的力量和信心可以反抗貴族階層。城邦的權勢落在水手、帆纜士和領航員手裡……亞里斯多德也認識到，海軍力量的增長和大眾自信的增長是並行的，也把國家的事物掌握到了自己的手中。」[9]

在薩拉米斯海戰後，整個地中海地區都因此得到拓展，這是一股可怕的力量。波斯艦隊從薩拉米斯海峽撤退後，愛琴海上已沒有什麼可以阻擋希臘艦隊的了。

如果說還有什麼深遠的影響，那就是一個半世紀之後，亞歷山大大帝向東遠征異邦時也受益於這次戰役背後所彰顯的諸多特質。四千八百公里之外的印度河畔可否聽到兵鋒的號角已響起？

因為，薩拉米斯海戰早已走出希臘的國界，成為古典時期戰爭中不可遺忘的一筆。

9 主要引自普魯塔克在其傳記作品《地米斯托克利》中的說法，更多的相關資料可參閱亞里斯多德的《雅典政制》。

Chapter II

羅馬人很榮耀

米列海戰裡的共同記憶

（西元前 260 年）

這裡必須注意——羅馬人乾脆完全沒有海上經驗，
他們的船是參考一艘擱淺的迦太基船建造的，
以及他們的槳手是在陸地上坐著槳座訓練的。

——德國歷史學家漢斯·戴布流克

01
迦太基必須毀滅

西元前二六四—前二四一年，對羅馬人來說是很榮耀的，他們向當時的海上霸主迦太基（Carthage）進行了一系列挑戰，按照古羅馬共和國的著名演說家馬庫斯．波爾基烏斯．加圖（Marcus Porcius Cato，人稱「老加圖」）的說法，「迦太基必須毀滅」（有學者認為是後人杜撰）。

「必須毀滅」成為羅馬稱霸世界的莫大勇氣。在這種勇氣背後所彰顯的野心，正好折射了羅馬人在海戰上的諸多表現。這樣看來，迦太基人（也可以稱作腓尼基人，希臘人把「迦太基」翻譯為「腓尼基」）是比較倒楣的，它的崛起和強大正好阻礙了羅馬的發展。遇到這樣的對手，不是你死就是我亡了。

迦太基，這個在古代非洲北部（今北非突尼西亞）以貿易為主的城邦國家，據說是由西亞的腓尼基移民建立的。他們依靠非洲肥沃的土壤和便利的航海條件在地中海建立了強大的貿易網路。如果要算時間，大約在西元前八—前六世紀。那時，迦太基人開始向非洲內陸擴張，再向西地中海進發，占領撒丁尼亞（Sardinia）島、科西嘉（Corsica）島、西西里島等後，西地中海終於成為迦太基人稱霸的海域。

羅馬人很執著，為了徹底打垮對手，一共進行了三次布匿戰爭。在這些戰爭中，西元前二六〇年的米列（Mylae）海戰具有特別的意義。這次海戰的勝利讓羅馬人興奮不已，舉行了盛大的凱旋式，並豎立起了杜利烏斯（Duilius）紀念柱。

古希臘史學家波利比烏斯（Polybius，西元前二〇〇—前一一八年）在其著作《歷史》中對第一次布匿戰爭中的首次海戰進行了這樣的描述：「確實沒有必要懷疑迦太基人是否能夠獲勝。對於迦太基艦隊的總司令來說，很明顯敵人不過是自投羅網……當迦太基人靠近這支艦隊的時候，他們就大吃一驚了，並且很快為這支艦隊所震驚……他們士氣高昂，一共有一百三十艘船，徑直向敵軍駛去……」[1]。

這是西元前二六〇年在米列城（今義大利米拉佐，Milazzo）附近海域爆發的著

1　中文相關資料可參閱《羅馬帝國的崛起》。

名海戰。迦太基在成為西地中海的霸主後，無疑讓東地中海的羅馬感受到了危機。當時的羅馬主要活躍於陸地上，但這個國家就像亞歷山大大帝熱衷於擴張和攫取權力一樣，在征服亞平寧半島（今義大利半島）南部後就與海洋帝國迦太基產生了利益衝突。

我們能夠想到這兩個國家的利益衝突是什麼，地中海應該「連為一體」，沒有比擴張更能讓羅馬人興奮的了。但是，歷史學家狄奧多爾卻提到一件逸事。顯然，這是沒有什麼依據的，畢竟戰爭的發生也需要一些藉口。

這件逸事描述了當時兩國的關係，大意是說，他們（迦太基）很想看看羅馬人是如何敢於越過擁有強大制海權的迦太基帝國到達西西里的。也就是說，如果不與迦太基人保持友好，羅馬人是不敢把手伸進大海裡洗手的。

如果上述說法是真實的，或許這就是羅馬人說的「迦太基必須毀滅」的最好藉口。而米列海戰中羅馬人的勝利則成為後面一系列海戰的序曲，羅馬人爭霸的海域從東地中海擴展到整個地中海。

西元前二六四—前二四一年的第一次布匿戰爭是迦太基帝國衰亡的開始。作為羅馬一方的指揮官，蓋厄斯·杜利烏斯（Gaius Duilius）也因此戰聲名大噪。

很多人對迦太基的毀滅感到痛惜。畢竟，它的確是海洋文明史上非常耀眼的明星。德國著名的羅馬歷史學家克利斯蒂安・特奧多爾・蒙森（Christian Theodor Mommsen）彷彿對迦太基有莫大的偏愛，稱其為「優質文明」。所以，我們有這樣一個假設：如果迦太基帝國在這次海戰中獲勝，沒有了羅馬帝國的歐洲歷史會怎樣？

這絕不是隨意的假設！在亞歷山大・德曼特（Alexander Demandt）的著作《未發生的歷史》中就有類似的探討和研究。一種比較有意思的結論是：如果沒有羅馬帝國及其後來的擴張，今天歐洲的一半地區會說著不同的語言，也不會存在「拉丁美洲」。沒有了羅馬法，我們的全部法律觀念都將完全不同。

但事實上，羅馬人終歸是勝利了！三次布匿戰爭的勝利讓這個帝國的「公民鬥志」空前高漲。

一開始，羅馬的擴張只局限於義大利的中部。當羅馬決定走向海洋，向地中海的兩岸擴張，這標誌著羅馬的一個新時代即將開啟，同時也是地中海波瀾壯闊歷史的上演。

羅馬人很榮耀！後來，地中海在羅馬帝國的版圖上成為「Mare Nostrum」，拉丁文中「我們的海」的意思。有一種說法是，它標誌著羅馬共和國體制走向了結束。

按照艾爾弗雷德・塞耶・馬漢（Alfred Thayer Mahan）的觀點，一個國家的對外擴張除了需要國民意識的覺醒，還需要政府的特性能與積極的海洋擴張盡可能地匹配。因此，誠如歷史學者赫爾弗里德・明克勒（Herfried Münkler）在其著作《帝國》中所說：「我們應該把海上的擴張而不是陸上的擴張看作是羅馬共和國真正的擴張。」

正是羅馬元老院的決定——與迦太基帝國進行爭奪，這偏離了原來小範圍的統治擴張路徑，象徵著羅馬共和國結束的開端。在新的、擴張性的海洋政策出臺之後，一批認為古代共和國的制度過於狹隘的人物登上政治舞臺，並獲得影響力。如羅馬帝國的第一位首蓋厄斯・屋大維・奧古斯都（Gaius Octavius Augustus）、羅馬帝國第二位皇帝提比略・凱撒・奧古斯都（Tiberius Caesar Augustus），像提比略為了加強皇權，取消了公民大會的立法權和選舉權，這在共和制下幾乎是不可能的。此外，因為要跨海執行任務，士兵服役期也延長了，以至於他們不能再耕種於小農莊，由此產生了具有革命性爆發力的退伍老兵問題。透過艦隊征服新的土地，隨之產生了一批新的精英，他們的野心只有透過征服新的土地才能滿足。

上述論斷出自明克勒對諸多帝國的研究。我們依著這樣的觀點去思考會發現一個有價值的問題：一個大帝國的滅亡和一個中等國家興起，既有此消彼長的因素，更有後者作為一種新興力量崛起而產生的巨大變革。換句話說，米列海戰不僅象徵著持續百年之久的大國角逐的序幕開啟，還意味著在這個新帝國內部一切都發生了徹底的改變。更進一步來講，後續諸多帝國的興起幾乎都與海洋有著較為密切的關係。難怪古羅馬哲學家馬庫斯．圖利烏斯．西塞羅（Marcus Tullius Cicero）要說：「誰控制了海洋，誰就控制了世界！」

那麼，羅馬人是如何走向海洋的呢？

§

古希臘歷史學家波利比烏斯，後來的名將小西庇阿的家庭教師，因其著作在古代希臘、羅馬歷史著作中最符合科學方法和要求，被譽為「歷史學家中的歷史學家」，他對羅馬帝國走向海洋的論述歷來被人們重視——

當時，他們看到戰爭會持續很長時間，就開始第一次建造一百艘五列槳戰艦、二十艘三列槳戰艦。但是，建造五列槳戰艦的工程師完全缺乏經驗，因為直到那時，在義大利還沒有人使用過這種船隻。從這一點來看，我們可以看出羅馬人那種特有的熱情和大膽。雖然缺乏充分的條件，甚至可以說完全缺乏條件，羅馬人之前也從未將目光轉向過海洋，但當他們第一次接觸海洋這個比較陌生的領域時，就果敢地著手經略海洋，並試圖與自祖輩以來一直毫無爭議地控制著海洋的迦太基人一決高下……，當他們第一次打算將軍隊運送到墨西拿（Messina）去的時候，他們不僅連一艘有甲板的船都沒有，而且連一艘戰艦也沒有……因此，他們不得不從塔倫特人、洛克雷爾人、埃利亞人和那不勒斯人那裡租借五十個槳手和三列槳戰艦，才得以大膽地將他們的人運送過去。當時，迦太基的艦船在海上朝他們衝來的時候，其中一艘有甲板的船因太急於進攻了，結果在海灘上擱淺，落到了羅馬人手中。羅馬人就把這艘船作為模型打造了一整支艦隊。沒有這個幸運的事件，羅馬人由於經驗不足，就很難如願實行自己的計畫。

上述內容都出自波利比烏斯的記載，他提到羅馬人借來的戰艦是一種以槳手層級來命名的船型。然而，如果真的是五列槳戰艦（五層槳手），這是有可疑之處的。目前為止，還沒有明確的資料或者古蹟表明有三層以上的戰艦，如果高於三層，在水中航行是難以進行的，首當其衝的一點就是實際操作中協調划槳是難以在海洋中完成的。

一種較有力的觀點是，羅馬人向他人租借的五列槳戰艦和三列槳戰艦是一樣的，只有三層或者就是兩層，每組兩支或者三支槳被多名槳手同時操控。這就是說，只有一層的五列槳戰艦是有可能存在的。

五列槳戰艦希臘語叫作「pentērēs」，根據波利比烏斯的記載，以及現代專家的研究，可能是這樣的一種戰艦：驅動部分由兩支或三支槳組成，它們分別由五名槳手來操縱。

問題來了！既然羅馬人在當時無法自主建造這樣的戰艦，它又是從何而來的呢？或者說，是什麼樣的海洋民族較早擁有這樣先進的戰艦？依據波利比烏斯在《歷史》中的描述，可以分析得出較有說服力的觀點：大約在西元前四世紀的時候，最初在迦太基、古希臘和錫拉庫薩（Syracuse）發展起來的。

迦太基人擁有當時非常先進的航海技術，他們能建造五列槳戰艦並不可疑。錫拉庫薩又叫錫拉庫薩，是義大利西西里島上的一座城市，這座城市位於西西里島的東岸，由希臘城邦科林斯移民於西元前七三四年建立。大約在西元前五－前四世紀達到鼎盛，為西西里島東部霸主。鑒於錫拉庫薩極為特殊的地理位置，羅馬人在與其交流的時候能獲得相關的海洋知識是完全有可能的。

由前所述，我們可知不管是幾列槳船，裡面的數字並不代表槳的數目，而是操縱每組槳的槳手人數。只有這樣的解釋才符合當時的條件。

五列槳戰艦在布匿戰爭中投入使用，也是迦太基帝國引以為豪的「名器」。這樣先進的戰艦是如何操縱的呢？波利比烏斯在其著作《通史》裡有記載：「那些負責造船的人，就忙於製造船體；而其他人則負責編組槳手，並在陸地上訓練他們。其方式如下：他們讓槳手坐在地面的槳座上，其順序與在船上一模一樣；槳手長站在中間，指揮著槳手們同時向後傾，並把手向自己一側縮回，然後再向前傾，將手臂伸展出去。大家就這樣隨著槳手長給出的信號一遍一遍地反覆練習。」

對波利比烏斯關於羅馬人走向海洋的記載是否應該存在一些懷疑？難道一個陸上強國第一次進行海上戰爭就這麼簡單地打敗了當時最優秀的海洋民族？顯然，這是讓人心存疑惑的。

其實，早在十九世紀中葉，著名的歷史學家特奧多爾·蒙森就在其著作《羅馬史》中提出質疑：「那種來自修辭學派的描述試圖讓人相信，羅馬人在當時是第一次執槳入海，這是一種幼稚的表述。」德國著名歷史學家漢斯·戴布流克（Hans Delbrück）後來則更加明確地在蒙森的首次質疑中進行了分析，他說：「這裡必須注意——羅馬人乾脆完全沒有海上經驗，他們的船是參考一艘擱淺的迦太基船建造的，以及他們的槳手是在陸地上坐著槳座訓練的——這個著名的故事來自波利比烏斯的敘述，他顯然是深受修辭學派的大肆誇張之害。」

兩位史學家所說的修辭學派是指西元前四世紀的古希臘史學流派，注重用詞造句，力求把歷史著作寫得生動有趣，富有戲劇性而不求史實之正確，常因此產生錯誤。這個學派主要受到古代希臘著名的修辭學家、政論家和教育家伊索克拉底（西元前四三六—前三三八年）影響。伊索克拉底影響了許多傑出的人物，如古希臘歷史學家埃福羅斯（Ephorus，西元約前四〇〇—前三三〇年，主要作品《希臘史》）、特奧波姆波斯（Theopompus，約生於西元前三七八年，主要作品《腓力王傳》）。這種修辭學派的特質直接影響到羅馬西塞羅時代，波利比烏斯及其著作《歷史》也深受其影響。

由於波利比烏斯深受小西庇阿的賞識，他能輕易地出入羅馬的國家檔案館，並且他還目睹了迦太基的毀滅。雖然他的論述有誇大其詞的毛病，但他提供的資料仍然是具有很高的研究價值的。至於他論述的羅馬人能輕易戰勝當時最優秀的海洋民族迦太基，大抵是他的愛國主義情懷所致吧。

為了進一步瞭解漢斯・戴布流克的質疑，我們來看他提出的幾個有力量的問題。其一，羅馬人是否應該建造一個大型的鐵彈簧來模擬水的反作用力？其二，羅馬人應該憑空揮動自己的槳？

然後，漢斯・戴布流克又給出了相應的回答。他在《戰爭藝術》一書中說：「義大利同盟中的希臘的沿海城市（這裡實際是指義大利南部的城市，屬羅馬的盟友），作為海上盟友是否不提供陸軍，而是為羅馬提供所需要的所有船長、舵手和槳手？」

事情的真相到底是什麼呢？

§

亞平寧半島三面環海，城邦時代的羅馬不是一個港口城市，因此羅馬人一開始並沒有建立海軍的想法。如果羅馬人想要透過海洋建立地中海的霸權，就必須勇敢地跨越海洋造成的巨大障礙。特別是在布匿戰爭中，戰場由陸上切換到了海洋，戰爭形式已經發生了重大改變。更何況羅馬面對的勁敵是一個以海軍強大而聞名的迦太基帝國，這就迫使羅馬人必須想盡辦法籌建一支具備作戰能力的海軍。

從塔蘭托（Taranto，古代義大利南部希臘殖民城邦，位於義大利南部愛奧尼亞海塔蘭托灣畔，是重要的商港和海軍基地）到墨西拿的航海距離不算遠，羅馬人還能基本應付，這是在沒有遇到干擾的情況下。當迦太基人利用艦隊的優勢不斷襲擾西西里各處海岸時，羅馬人明顯感到巨大的壓力了。迦太基人不僅在沿海建立了許多據點，還讓一些原先支持羅馬人的城邦倒戈。更嚴峻的是，迦太基帝國開始橫行於義大利西海岸區域，意圖把戰火燒到羅馬本土。

如果這樣的意圖得以實現，迦太基帝國就能利用羅馬高成本運輸陸軍的弱點直接拖垮正在成長中的羅馬帝國。在這樣嚴峻的形勢下，羅馬元老院決定大力發展海軍，並為此提供了專項資金。

然而，羅馬人在建設海軍方面毫無經驗，國內連最基本的造船業都不存在。羅馬人一邊採用從南方的希臘區招募大量船隻幫助運輸的策略，一邊廣泛招募該地區及錫拉庫薩的造船工匠和造船師，一邊讓本國的工匠學習如何建造當時流行的五列槳戰艦，這些工匠透過對戰艦的逆向研究——雖然大部分屬仿造——在短短六十天內，竟然成功地建造了一百艘五列槳戰艦和二十艘較小的三列槳戰艦。這樣的速度著實讓對手感到吃驚。

建造戰艦的事情基本得到解決，接下來對羅馬人而言非常重要的事是如何打造一支具有戰鬥力的海上艦隊。元老院如法炮製，從希臘人那裡招募了經驗豐富的海員和具備指導訓練能力的划槳手。在這些人員中，不僅有能熟練操作風帆的水手，還有經驗豐富的舵手和船長。

眾所周知，要打造一支海上艦隊是不可能在短時間完成的，但聰明的羅馬人懂得「協力廠商力量為己所用」的道理。更為根本的是羅馬的共和體制下所呈現出的寬容和開放、兼收和並蓄。尤其是「萬民法」（羅馬法中調整非羅馬人之間相互關係的法律，旨在維繫和穩定龐大帝國的統治。萬民法從某種程度講，讓羅馬文化的影響力得到了加強和傳播）的廣泛適用性與實用性，能讓諸多「協力廠商力量」加入到這個未來帝國的成長之中。

羅馬人透過廣泛吸收希臘人、塔倫特人、洛克雷爾人、埃利亞人、那不勒斯人的方式解決了最為棘手的問題：無論是經驗豐富的造船師，還是充足的船員，抑或是用於造船的木料都不缺了。像義大利南部地區卡拉布里亞（Calabria）的希拉國家森林就盛產針葉林木，這可是用於造船的優質材料。

在槳船時代的海戰中，當敵我雙方距離較近時就會發生接舷戰，羅馬人只需要考慮如何在海戰中發揮出自己的步兵優勢即可。按照當時流行的戰法就是，先採用撞角去撞擊對方，再跳幫進行廝殺。作為海上強權的迦太基帝國自然是深諳此道的。因此，羅馬人想要擊敗經驗豐富的對手，就必須另闢蹊徑。

於是，一種讓迦太基人驚訝萬分的祕密武器就出現了。

02
祕密武器「烏鴉」

關於這種武器到底是什麼，歷來存在著較大的爭議和多種說法。總體來說，這是羅馬人把陸戰戰術運用到了海戰上的產物。

波利比烏斯的《歷史》、德國歷史學家阿內爾・卡爾斯騰（Arne Karsten）和奧拉夫・布魯諾・拉德（Olaf Bruno Rader）的《大海戰：世界歷史的轉捩點》，以及威廉・伍德索普・塔恩（William Woodthorpe Tarn）的著作《希臘的軍事和海軍發展》（*Hellenistic Military and Naval Developments*）中都有比較詳細的記載。

由於船隻造得拙劣和笨重，有人提出一個建議，建造一個裝置來協助作戰，它後來被稱為「烏鴉吊橋」（Corvus）。這個裝置的結構如下：在甲板上豎立一根圓木，高四尋（約七・三一公尺），寬四掌（四〇・六公分）。這根圓木頂端有一個滑輪，用來拉拽一架梯子。這架梯子釘有許多橫木板，長六尋（約十一公尺），寬四步（約一．二公尺）。梯子兩側都裝有護牆，高可容膝。在梯子的頂端有一個鉤子，向前凸出。它的上端安著一個環，整個鉤子看起來有點像麵包師用的槽鉤。在環上繫一根繩索，在衝撞敵船的時候「烏鴉」就透過圓木上的滑輪放下，鉤入敵船的甲板中。有時候是安在甲板前，有時候透過旋轉這個裝置來對抗試圖從側面衝撞過來的敵船。一旦「烏鴉」刺入敵船甲板中，兩艘船就被鉤在一起，船舷與船舷也挨在一起。羅馬人就從各處跳到敵船上。如果是船艏對船艏，那麼羅馬人就排成密集的兩列隊形穿過「烏鴉」，為首的士兵用盾牌保護前方，而其後的士兵則將盾牌邊緣放到護牆上以保護側翼。他們就是透過這種方式武裝起來，等待有利的時機發起進攻。

按照波利比烏斯記載，羅馬人在第一次布匿戰爭中除了使用通用的撞角戰術外，還使用了這種祕密武器「烏鴉」。據說，這種武器十分有效，但只在西元前二六〇年的米列海戰和西元前二五六年的埃克諾穆斯角（Cape Ecnomus）海戰中出現過。只要我們細心揣摩就會發現這種武器存在著一個非常大的弊端。在古代的計量單位中，一尋相當於現在的一．八二八公尺。那麼懸掛「烏鴉」的圓木就高達七．三一公尺，跳板的長度約十一公尺，這樣的高度在具體作戰中明顯會讓艦船的行駛極不平穩。在放下跳板之前，船槳必須插入水中以保持船身的穩定。我們不說敵方的干擾因素有多大，海戰中至少要考慮到風速、划槳力度這兩種因素的存在，因此，我們有理由去懷疑這祕密武器——「烏鴉」是否真的存在過。

波利比烏斯的重要著作《歷史》用了四十卷的篇幅講述自第一次布匿戰爭直至迦太基和科林斯的毀滅歷程。遺憾的是，這樣一部研究西元前三世紀到西元前二世紀地中海歷史的重要文獻資料僅保存下來三分之一。他這樣用「文學性」的修辭手法去描述羅馬帝國是如何一步步崛起成為世界強國，其目的何在呢？

在他看來，羅馬人的勝利主要取決於其勇敢、堅毅、慷慨的高貴品質。這裡的「慷慨」實際上是指共和體制下的公民法帶來的包容性和相容性。在羅馬人成功走向海洋並擊敗了當時最為優秀的海洋民族後，這個帝國的現實權力就與海權密不可分了。若干年後，馬漢理論的橫空出世證明了這一點。

回到羅馬人的祕密武器「烏鴉」上，如果能從其他的史料中獲得相關的記載，結合兩者的論述，我們或許能更為接近真相。

在八卷長的《羅馬史》中，古羅馬歷史學家卡西烏斯·狄奥（Cassius Dio，一五〇—一一三五年）用希臘語進行寫作，其中關於第一次布匿戰爭的記述雖然現在已經殘缺，來自拜占庭帝國阿歷克塞一世時期的歷史學家約翰．佐納拉斯（John Zonaras）卻採用節錄或完整摘抄的方式保存了這部歷史作品中的諸多內容。

約翰．佐納拉斯是十二世紀的歷史學家，致力於研究西元前三世紀的那段歷史。關於米列海戰前羅馬人造船的情況，他有較為詳細的記載：在到達西西里後，指揮官蓋厄斯．杜利烏斯就意識到迦太基的戰船在堅固程度和大小方面相比羅馬戰船並不占優勢，但是在划槳的速度和完成戰術動作方面卻超過了羅馬人。因此，他下令將所有三列槳戰艦都安裝上一些機械裝置，包括錨、固定在一根長杆上的鐵爪篙和另外一些類似的輔助設備。羅馬人打算把這些東西扔向敵船，從而將之與自己的船鉤在一起，這樣士兵便可以登上敵船展開肉搏了，就像是在陸地上戰鬥一樣。這裡依據的是阿內爾．卡爾斯騰和奧拉夫．布魯諾．拉德在《大海戰：世界歷史的轉捩點》中的引文，也可以參閱卡西烏斯．狄奧在《羅馬史》中的描述，目前中文沒有全譯版。作為皇帝的密友，狄奧的記載有著很重要的歷史價值。更多的詳情可參閱洛布（Loeb）古典圖書館典藏的《羅馬史》，以及佐納拉斯等人對《羅馬史》的表述。

至此，更為接近真相的一面或許出現了。

書寫羅馬歷史的史學家，特別是波利比烏斯一類的採用了修辭手法，以作家的筆調將羅馬人的勝利盡可能彰顯得更偉大些。再者，這場持久的戰爭本身就屬於帝國霸權爭奪戰，談不上什麼正義與非正義。事實上，是羅馬人透過進攻墨西拿挑起了戰爭。

或許羅馬人早就知道一旦戰爭開始，如果表現出從未接觸過海戰的樣子，他們的勝利就顯得更加榮耀了。

§

西元前二六四—前一四六年，羅馬和迦太基為爭奪地中海沿岸霸權爆發了三次布匿戰爭。西元前二六四—前二四一年是第一次布匿戰爭，米列海戰就發生在這期間。

羅馬在拿下整個亞平寧半島後，其擴張的野心日益增強。作為地中海西部比羅馬更古老、更富裕的迦太基帝國，其勢力已經從北非發展到伊比利亞半島及西地中海。羅馬想要對外擴張，就必須除掉這個強大的海洋帝國。

因此，這兩個國家遲早是要發生戰爭的，只需要一根導火索就可點燃。

在地中海及義大利和北非的交通要道上有一個小邦國叫錫拉庫薩，特殊的地理位置讓它成為海上貿易的重要地帶。西元前四八五年，位於西西里南部的希臘城邦蓋拉（Gela）的僭主格隆（Gelon）占領了錫拉庫薩，並自立為錫拉庫薩僭主。錫拉庫薩在他的治理下，國勢日趨強大。西元前四八〇年，格隆在希梅拉（Himera）附近大敗迦太基軍隊，隨後，他的繼承者希倫一世（Hieron I）也極力對外擴張，並插手亞平寧半島一些城邦之間的爭鬥。在打敗迦太基的同盟者伊特拉斯坎（Etruscan）[2]後，錫拉庫薩終於成為地中海西部實力不容小覷的海上強國。西元前二八九年，僭主阿加托克利斯（Agathocles，他曾在西元前三〇四年自封西西里國王）死後，這個國家陷入到不安定的境地中，尤其是他在義大利坎帕尼亞（Campagna）招募的自稱馬麥丁人（Mamertines，意為「戰神之子」，荷馬在《伊利亞特》中把戰神瑪爾斯說成是一名百戰不厭的英勇武士）的雇傭軍，於西元前二八八年脫離錫拉庫薩的統治，占領了西西里島東北角緊靠義大利的墨西拿城，建立了屬於自己的政權。

2 城邦國家，關於其起源目前尚沒有定論，一般認為他們於西元前十一世紀從小亞細亞渡海而來，活動在亞平寧半島中北部。

這是一個好戰的政權。他們在墨西拿站穩腳跟後，以此為基地開始了對周遭區域的肆意殺戮。西元前二六五年，當時還未成為錫拉庫薩國王的希倫二世（Hieron II，西元前二六九年加冕為王）為了加強統治，確保海上貿易安全，同時也是為了稱霸整個西西里，決定出兵圍攻墨西拿，趕走這幫殘暴的傢伙。

錫拉庫薩是西地中海實力不容小覷的強國，墨西拿瞬間陷入到困境中。這時，城內出現了兩派：一派建議尋求迦太基的保護，另一派建議與羅馬結盟。當時羅馬的想法是不介入這場紛爭，畢竟這個好戰的雇傭軍政權危險係數較高——羅馬也曾出現過雇傭軍反叛的事件。但是，問題出在迦太基這方，它沒有絲毫考慮就答應了，並讓在墨西拿海峽巡邏的迦太基軍隊開進了墨西拿城。

讓人倍感戲劇性的是，迦太基一插手墨西拿，錫拉庫薩的軍隊竟然沒有抵抗就撤退了。羅馬這邊恐慌了：一方面想奪取西西里及其商業城市，特別是墨西拿，不能眼看著這個重要的商業城市落入迦太基人的手中；另一方面又擔心迦太基強大的軍力，特別是海軍的實力，如果貿然出兵就等於公然開戰，以目前的實力而言勝算不大。

其實，羅馬人心裡很清楚，只要能成功地利用這次事件，就能進而控制整個西西里，繼而封閉西地中海。換句話說，就能對迦太基產生巨大的威脅，為帝國的擴張之路開啟更好的局面。

羅馬元老院對此事的意見也不統一，就把問題提交到森都利亞大會（即百人團大會），最後森都利亞大會做出了出兵西西里的決定。西元前二六四年，由羅馬執政官克阿皮烏斯·克勞迪烏斯·考德克斯（Appius Claudius Caudex）率領的軍團登陸西西里島，於是墨西拿事件則理所當然地成為第一次布匿戰爭爆發的導火索。

羅馬人的計畫是先與馬麥丁人聯盟，在進軍西西里島後逼迫錫拉庫薩加入他們的聯盟。

羅馬軍隊在渡過墨西拿海峽後，迫使迦太基軍隊後撤，隨即占領了墨西拿城，並與馬麥丁人結盟。

於是，迦太基帝國勃然大怒，向羅馬宣戰。

§

羅馬人並非像波利比烏斯說的那樣對海洋一無所知。

在米列海戰之初，迦太基的部分艦隊試圖採用縱穿和迂回的戰術對付羅馬人，兩次都失敗了。被波利比烏斯描述得厲害無比的祕密武器「烏鴉」卻在米列海戰後的戰爭記錄裡少有提及，除了西元前二五六年的埃克諾穆斯角海戰的相關記述裡提到過一次。

上述兩方面的內容將給予我們一些思考：羅馬人發明的祕密武器是否是他們制勝的關鍵？如果這種祕密武器真的那麼厲害，為什麼羅馬人在取得波恩角海戰勝利後竟然因為它遭受了一次可怕的經歷？

在西元前二六〇年的米列海戰中，幾乎沒有海軍的羅馬人出奇制勝。我們只要稍加思考就會發現，這是一場屬於陸軍和海軍的交戰。換句話說，羅馬人是在用陸軍作戰的思維對決海上強國的優勢艦隊。

西元前二六四年，已經稱霸亞平寧半島的羅馬人不甘現狀，在權衡利弊後開始向海外擴張，出動高達四萬人的軍隊包圍了西西里島的迦太基人據點阿格雷根圖姆城（Agrigentum），這座位於西西里島西南部的城市當時也叫阿克拉加斯（Acragas），現在的名字叫阿格里真托（Agrigento）。面對來勢洶洶的羅馬軍隊，迦太基軍隊拼死抵抗，圍城戰打得異常慘烈，羅馬人付出損失三萬人的代價後獲得了勝利。

可惜，奪取的卻是一座空城。

羅馬人傷亡太大，以至於基本沒有什麼力量阻止敵人的突圍。此後，雙方的戰場開始轉向海上，羅馬人的陸軍軍團是能征善戰、久經考驗的，如何在海戰中也能發揮同樣的作用成為羅馬統治者不得不面對的問題。

迦太基的海軍實力是羅馬人望塵莫及的，為了彌補這短處，羅馬人硬是憑藉祕密武器「烏鴉」讓這短處憑空消失了。

如前文述及，這是一種把活動的吊橋用滑輪固定在桅杆上的特殊裝置，在吊橋的另一端有一個鐵爪篙，因這種小吊橋可以像烏鴉嘴一樣牢牢地抓住敵船，羅馬人就把這套特殊的裝置叫作「烏鴉」。當艦船安上這樣的裝置後，就能夠在海戰中利用接舷戰術放下吊橋。這時，具備超強作戰能力的羅馬陸軍就可以透過吊橋躍上敵艦，在敵艦的甲板上展開肉搏。

米列海戰中羅馬人用陸軍作戰的思維打敗了不可一世的迦太基海軍，這不能不說是一個奇蹟。

迦太基海軍面對不成氣候的羅馬海軍產生了極度輕視的心理。當羅馬艦隊出現在西西里北岸的米列海角附近時，參戰的一百三十多艘迦太基艦隊竟然連戰鬥隊形都沒有展開就迎面向羅馬艦隊衝撞過去。這正好中了羅馬人利用接舷戰術發揮祕密武器「烏鴉」作用的圈套。

戰局就這麼輕易地開始向羅馬人傾斜了，而迦太基海軍也終於明白這種奇奇怪怪的裝置是幹什麼用的了。

迦太基的艦船想拚命擺脫這可恨的「烏鴉」，無奈為時晚矣！那些鐵爪篙就像是有魔力一樣死死地鉤住了他們的艦船。一場海戰就這樣演變成猶如在陸地上發生的對決戰。凡是被「烏鴉」鉤住的艦船，上面的士兵要麼被殺死，要麼被俘虜，而那些沒有被「烏鴉」鉤住的艦船一看不妙，根本無心戀戰，狼狽而逃。羅馬人以較小的代價俘獲或擊毀了四十多艘敵艦。米列海戰之後，羅馬人一度控制了西西里海域，西西里島上的許多城邦也紛紛歸附，迦太基只保留了西西里島西端的一些城市。

讓人悲哀的是，米列海戰後的迦太基艦隊竟然沒有吸取教訓。

西元前二五六年，雙方在埃克諾穆斯角又發生大規模海戰。這次羅馬人故技重施，投入了三三〇艘艦船，十萬餘人的槳手以及四萬人的陸軍；迦太基則投入了三百五十艘艦船，船上各類人員總數達到十五萬人，仍妄圖以海軍的絕對優勢控制戰局，其結果又是慘敗。

我們是否可以判定羅馬人的勝利取決於「烏鴉」的使用呢？答案是否定的。儘管在兩次海戰中羅馬人都取得了勝利，我們也只能說這種特殊裝置僅在短時間內使用於艦船，也的確起到過一定的作用。然而，一個讓人值得注意的問題是，如此先進的「烏鴉」最後卻從艦船上消失了，難道羅馬人遭遇了什麼嗎？

一個最重要的解釋就是：它不適合海上作戰。

這樣的論述與上文並不矛盾！羅馬人在埃克諾穆斯角海戰中取得勝利後，由於其陸軍在非洲戰場的戰事遲遲沒有結果[3]，於是元老院決定調回一些軍隊。這批軍隊乘船到西西里南部海岸的時候遭遇了巨大的風暴。羅馬人想繼續用「烏鴉」這種特殊裝置快速上岸，結果遭受到了慘重損失。三百七十艘艦船中有三百艘沉沒，約十萬

3 說法不一，一種比較通行的觀點是在北方的西西里島上還有作戰能力較強的迦太基軍隊在活動，羅馬人擔心這次非洲征戰有被截斷後路的可能，加之元老院急於想把在北非捕獲的兩萬多名奴隸一併帶回，兜售後獲取金錢繼續用於支持羅馬同迦太基的戰爭。

人遇難。波利比烏斯將這次失事稱作古代最著名的海難之一。

這次失事的原因是艦船側翻。

如果「烏鴉」這種特殊裝置的確如羅馬人所說的如此厲害，那麼羅馬人肯定會在歷史書中大量記載。然而，就連波利比烏斯也沒有再次提及，究其原因只有一種可能：羅馬人已經知道「烏鴉」不適合海上作戰，最終放棄了它。

在埃克諾穆斯角海戰勝利後，迦太基軍因遭到很大的損失而被迫撤退。隨後，羅馬軍隊在非洲登陸，目的是想儘快摧毀迦太基帝國的根基，以便結束戰爭。由於戰線太長，補給出現嚴重問題，元老院決定抽調回一批軍隊，由執政官馬庫斯·阿提利烏斯·雷古盧斯（Marcus Atilius Regulus）帶領大約一萬五千人的部隊繼續與迦太基軍隊作戰。迦太基在經歷幾次失敗後，開始反思，決定雇用來自斯巴達的將軍克桑提普斯（Xanthippus）對決強悍的羅馬陸軍軍團。

斯巴達為什麼要幫助迦太基？主要是因為當時的斯巴達已不是之前那個讓世人震撼的軍事強邦了。特別是在希波戰爭後，奴隸制經濟得到發展，那些在戰爭中表現突出的將領獲得了前所未有的榮耀和財富，貧富差距越來越大導致了城邦的沒落。

像斯巴達海軍統帥來山得（Lysander，年代不詳—前三九五年）[4]僅一次就能運回兩千塔蘭同的鉅款[5]，在雅典被擊敗後，他又輕易地獲得整車的黃金，其他跟隨他的將領也收穫頗豐。

一時間，斯巴達人的價值觀受到了很大的衝擊，萊克格斯（Lycurgus）改革帶來的良好局面也接近於崩盤。公民平等原則、艱苦奮鬥的傳統（如禁止奢侈，男子自七歲起至六十歲在軍營過集體生活，以便培養在艱苦環境裡生存、作戰的能力）被衝垮，人們變得金錢至上，瘋狂追求財物且不擇手段。從此，斯巴達開始走向衰敗，大量的公民因破產而淪為二等人或黑勞士農奴（被斯巴達人征服的拉科尼亞和麥西尼亞地區的原有居民被稱為黑勞士，也叫希洛特），許多斯巴達人失去了尚武精神。不過，還是有很多不甘於現狀的斯巴達人謀生於海外，成為一些君主國（如塞琉西

4　此人具備卓越的軍事才能，以羊河戰役為例，僅一小時就摧毀了稱霸幾十年的雅典海軍，由此導致伯羅奔尼撒戰爭結束。

5　塔蘭同為古代中東、希臘、羅馬使用的貨幣單位，具體換算說法不一。一塔蘭等同的重量大致介於二十到三十公斤之間，根據《新約聖經》裡的說法，耶穌曾經提到過即便是一塔蘭同也是鉅款。

帝國和托勒密王朝）的雇傭兵。由於這些能被雇用的斯巴達人大都軍事素質過硬，他們常以軍官身分為當地君主訓練軍隊。

克桑提普斯是晚期斯巴達的職業軍官，他出現在海上帝國遭受困境的時刻，迦太基人看到了勝利的希望。果然，克桑提普斯不負眾望，他利用希臘化世界的最新軍事技術，在較短的時間裡提升了迦太基軍隊的戰鬥力。執政官雷古盧斯擔心羅馬元老院派遣別人搶其功勞，因此急於求勝。雙方在巴格拉達斯（Bagradas）展開對決，克桑提普斯利用強大的雇傭兵團和巨獸（戰象）頂住羅馬人的正面突擊，並成功地運用騎兵兩側包抄戰術痛打羅馬步兵。結果，羅馬軍團在非洲戰場遭受了慘重的失敗，雷古盧斯本人也被俘虜。

此後，主戰場再次移到西西里。

羅馬人深知再建立一支艦隊的重要性，在許多貴族的支持下，一支由兩百艘艦船組成的新艦隊建成了。隨後，這支艦隊在埃加特斯（Aegates）群島（今埃加迪群島）附近海域大敗迦太基艦隊。大勢已去的迦太基不得不向羅馬求和。

縱觀整場戰爭，羅馬能在第一次布匿戰爭中取得勝利，主要得益於海上艦隊。而在面對北非戰鬥結束後羅馬人打造的新艦隊時，迦太基人仍然束手無策。

03

杜利烏斯紀念柱

在米列海戰之前，帶領羅馬艦隊的指揮官不是蓋厄斯·杜伊利烏斯，而是執政官格內烏斯·科內利烏斯·西庇阿（Gnaeus Cornelius Scipio）。作為先遣艦隊，這次出海的任務是肅清迦太基劫掠船，確保義大利海岸不受侵擾。

任務完成得比較順利，西庇阿命令艦隊向墨西拿海峽航行，自己則率領十七條戰艦航行在全艦隊的前面。當西庇阿的先遣艦隊航行到西西里島東北部的利帕里（Lipari）島，準備搶占該島的主要港口利帕拉（Lipara）時，迦太基艦隊突然出現，這支艦隊有二十艘戰艦，把羅馬人困在了港內。

驚慌失措的羅馬人戰敗了！連執政官西庇阿也被俘虜，後來雙方交換戰俘，西庇阿才得以回到羅馬。

為了阻斷羅馬人與義大利本土的聯繫，迦太基決定控制西西里島東北角的米拉海域。這一次，羅馬任命蓋厄斯·杜利烏斯為艦隊指揮官，雙方在米列進行對決。蓋厄斯·杜利烏斯利用祕密武器「烏鴉」，充分發揮出了羅馬陸軍軍團的超強作戰能力。

羅馬人勝利了，贏得很是光彩。

一五六五年，在卡比托利歐（Capitolino）山的山腳下發現一篇銘文，它來自一根船艄紀念柱的基座底下。這根紀念柱就是著名的杜利烏斯紀念柱，在這根紀念柱上鑲嵌了從迦太基艦船上取下來的青銅撞角。

為一名指揮官豎立一根紀念柱，足見這在羅馬人的心裡有多榮耀了！

將俘獲敵方戰艦上的撞角作為象徵勝利的習俗，這是專屬羅馬的一個特殊傳統。譬如在西元前三三八年，羅馬與拉丁同盟發生了戰爭。拉丁同盟是古義大利半島拉丁姆（Latium，今拉齊奧大區）地區約三十個小城結成的同盟，成立於西元前七世紀，羅馬也是同盟成員之一。該同盟旨在保護加盟者的利益。到西元前五－前此世紀，因羅馬的勢力增強，其盟友擔心羅馬的日益強大繼而威脅到自身的存在，遂要求羅馬元老院交出一五十個席位，並要求兩名執政官名額中的一名由其他同盟城市提供人選。面對這樣無理的要求，羅馬自是不會同意，於是雙方發生了一系列戰爭。

西元前三三八年，羅馬在安提烏姆（Antium，今安齊奧）擊敗了拉丁同盟，拉丁姆地區也完全落入羅馬的統治之下。為了紀念這場戰爭的勝利，羅馬人將敵方艦船的船艄撞角取下，安放在一個類似於舞臺的建築之上。這座舞臺實際上是那個時代演說家演講的場地，人們把它稱為「Rostra」，翻譯過來就是「船喙」的意思。在船喙附近就豎立起了杜利烏斯紀念柱，可見羅馬人對米列海戰勝利有多麼看重了。後來，凱撒將這座船喙搬到了羅馬廣場外面的集會場，到奧古斯都皇帝的時候，即西元前二九年，又進行了翻修。

今天，我們去羅馬旅遊可以看到一個巨大的石方（紀念柱今天已經不復存在，不過在羅馬文明博物館中存有該紀念柱的復原品，卡比托利歐博物館收藏了銘文的殘片），這個石方的前端有一些孔洞，最初的作用就是用來固定船喙的。

由此可見，羅馬的後任皇帝對先輩們取得的海戰勝利是十分重視並倍感榮耀的。西元前三六年九月三日，羅馬人在瑙洛庫斯海戰（Naulochus）[6]後，又豎立了一根

6　當時小龐培控制了西西里島，切斷了羅馬的運糧通道，遂造成羅馬物價飛漲、人民怨聲載道的局面。後來，蓋厄斯．屋大維．奧古斯都的艦隊在西西里島附近的瑙洛庫斯擊敗了塞克斯特斯．龐培的艦隊，從而結束了兩人的戰爭，帝國才得以繼續向前發展。這場戰爭的更多詳情可翻閱「後三頭同盟」相關歷史。

船艄紀念柱。這裡面的榮耀可見一斑了。

§

杜利烏斯紀念柱的意義絕不專屬於當時的羅馬帝國。

蓋厄斯・杜利烏斯，這位執政官的名字也成為近代義大利皇家海軍崇敬的對象，在第一次世界大戰時期，義大利人就曾用杜利烏斯作為戰列艦命名的一個級別。

普奧戰爭期間，一八六六年七月二十日在亞得里亞海（Mare Adriatico，在義大利與巴爾幹半島之間，屬地中海的一個大海灣）發生了利薩（Lissa）海戰，交戰雙方是普魯士的盟友義大利和奧地利帝國，因威廉・馮・特格特霍夫（Wilhelm von Tegetthoff）海軍少將指揮得當，義大利艦隊遭受重創。為了紀念這次勝利，同時也是為了表示對特格特霍夫的敬意，一八七七年，在波拉（Pula，今克羅埃西亞普拉）豎立了屬於他的紀念柱，上面刻有這樣一行字：「勇敢戰鬥在黑爾戈蘭，光榮勝利在利薩，他使奧地利海軍獲得了強大和不朽的聲譽。」一八八六年，在維也納的紀念柱也建成，一九三五年，該紀念柱被轉移到奧地利格拉茨（Graz）。

在聖彼德堡、波爾多、紐約、柏林，我們都會看到類似於杜利烏斯式的紀念柱，米列海戰的勝利已成為不可磨滅的共同記憶。

這樣的記憶也表明當時羅馬人敢於挑戰強大的海上帝國，並最終取得了勝利。在之後的第二次和第三次布匿戰爭中，羅馬以絕對的優勢毀滅了這個強大的海上帝國。

Chapter III

迦太基廢墟

海上帝國的末路

（西元前146年）

對腓尼基人來說，最可怕也最令他們陷入絕望的是，他們想起了自己是怎樣殘忍對待希臘戰俘的，他們預感到自己將要遭到同樣的命運。

——狄奧多羅斯《歷史叢書》

01
超級商業強國

西元前一四六年的春天，迦太基城已經被圍困近三年了，誰也沒有心情去體會春天的美好。從這個時間來看，迦太基帝國已拼盡全力了。隨著俗稱「小西庇阿」的羅馬統帥普布利烏斯・科爾內利烏斯・西庇阿・埃米利亞努斯（Publius Cornelius Scipio Aemilianus）一聲令下，這個飽受重創的帝國將迎來羅馬人的最後一擊。

羅馬人的心中或許想像過憑藉帝國的強大與迦太基人決戰只是一瞬間就結束的事，但是他們不得不面對一個事實：儘管迦太基城的防禦力量已經受到嚴重削弱，守軍也死傷慘重，然而這座城市特殊的地理位置依然讓他們再次明白「望而生畏」的含義。

是的，昔日的迦太基城也好，今日的突尼斯市也罷，它終歸是屬於地中海沿岸地區的一座歷史名城，有著非凡的建築水準。當初建造迦太基城的時候，設計者就選址在了由一連串沙岩山丘組成的半島之上。

如果從空中俯瞰，我們會更加直觀地發現這座城市的東北和東南邊界有兩片狹窄的、像翼狀的土地向外延伸，而翼狀的土地幾乎將海面一分為二。在大自然這樣神奇的結構中就形成了我們熟知的突尼斯湖。繼續將視野擴大，會看見一排連綿陡峭的沙岩峭壁翼護著半島的北部地方，而南面那片遼闊的沿海平原則被堅固的城牆、壕溝和壁壘保護著。這樣奇特的地理結構如同君士坦丁堡所擁有的結構一樣。雖然這個比喻不太恰當，但誰能否認上天賜予的地理環境是為一座城市提供的天然庇佑呢？

在迦太基城靠海的一面有兩座優良的海港。為了護衛這兩座海港，迦太基帝國專門修建了護城牆。這種囿於防衛的理念有一個最大的弊端：城內可供利用的生活空間變得狹小起來。這一點絕非誇大其詞。出於謹慎，在過去，帝國在護城牆和最近修建的建築之間留出了一段較為寬闊的空隙；而現在，一排排的房屋拔地而起，遠遠望去就像是一直延伸到海的盡頭。原先留出的那段空隙消失了——從軍事角度來說，這無疑給了敵人可乘之機。譬如羅馬人可以利用易燃的投射物毀滅這密密麻麻的房屋，或者想辦法爬到房頂，再攀上牆頭。

這絕對不會有多困難！根據德國考古學者弗里德里希・拉科布（Friedrich Rakob）的觀點，上升到與房屋樓層同高或接近標高的建築建造速度極快，這至少說明迦太基人沒有充分考慮到戰略防衛問題。當然，也有可能是不得已而為之，畢竟城內可供生活和活動的空間狹小，不能再在城內建造房屋了，只能選擇護城牆附近的區域來修建。拉科布認為如果迦太基城未在西元前一四六年被摧毀的話，帝國想要東山再起，徹頭徹尾的重新規劃是必不可少的。

就算後者的可能性真的存在，我們都可以指向一個反問：城牆的護衛功能還有什麼用呢？

護城牆看起來是多麼令人畏懼！在這道屏障中，有些沙岩塊體積極為龐大，其重量高達十三噸。所有的沙石表面都塗上了白色的石膏，主要作用在於防止石料被海風侵蝕。它還能起到一定的導航作用，每當有船隻駛入港口時，船上的人只要抬頭仰望，就會看到光滑如大理石的城牆閃閃發亮。由於這些原因，這道護城牆舉世聞名。同樣，一旦羅馬人從海上發起進攻，它將成為最好的目標指引。

兩座港口分為商用和軍用。作為一個強大的海上帝國，這兩座繁榮的標誌性港口彷彿時刻提醒人們迦太基帝國擁有過的榮耀。這是一個海上超級強權，在方圓十三公頃的土地上布滿了宏偉的人工建築，而構築這一切需要用人力挖掘約二三・五萬立方公尺的泥土。僅這一點就足以印證那份榮耀了。軍港採用圓形設計，船塢可容納至少一百七十艘艦船。過去，那些艦船透過內設的斜坡從水中拖上岸，也透過斜坡下水，簡直就是工程史上的一大傑作。現在，這些艦船無所事事地停泊在那裡不能出航。多次進攻宣告失利後，羅馬人採取了「圍而不攻」的策略，建造了一道防波堤，堵住了軍港的出口。

同時，迦太基與北非腹地之間的聯繫也被羅馬人切斷了。這意味著再也沒有糧食能被運進迦太基城。城內眾多居民忍受著饑餓的煎熬，但他們沒有選擇出城投降。

根據現代考古的發現，圍城期間的迦太基城居民生活條件十分艱苦，從某個時間點開始，城內的垃圾收集工作就停滯了。在這座城市最後的艱難日子裡，唯一被定期清理的「垃圾」只有大批被饑餓和疾病奪去生命的屍體。在這可怕的幾個月裡，人們不再遵循細心照料死者的傳統，無論是富人還是窮人，他們的屍體都被草草地丟進一些亂葬坑裡。而最致命的是，這些亂葬坑就在他們的生活區附近。可見，迦太基城最後的歲月裡，城內有多麼混亂不堪，人們已經無暇顧及基本的衛生防疫了。

造成上述困境的主要原因中，城市保衛戰的迦太基指揮官哈斯德魯巴

（Hasdrubal）有著不可推卸的責任。他做出了錯誤的判斷——海上作戰中，破襲貿易港對敵方造成的打擊是不容小覷的。他由此認為羅馬人會率先對商用港發動攻擊。然而，最先遭到攻擊的是軍港。羅馬人以此為跳板，發揮羅馬軍團的優勢，迅速朝城市中心的廣場和集市發動猛烈攻擊，最終奪取迦太基城的控制權。

作為羅馬軍團主帥的小西庇阿，他這樣的戰略完全沒有問題。隨後，小西庇阿命令部隊安營紮寨。大概是羅馬士兵覺得勝券在握，敵人絕不可能翻盤，士兵們開始拆走附近阿波羅神廟的金飾。接著，更大規模的洗劫也上演了。

在最後的六天時間裡，小西庇阿肅清了屋頂的抵抗者，並焚毀了房屋。這樣，他的軍隊就可以朝山上推進了。肅清殘敵的過程簡直慘絕人寰，由於有些人並未死去，熊熊大火把他們或燒死或燒傷。他們發出慘烈的叫聲，號叫著跑出燃燒的屋子……，那些橫衝直撞的羅馬騎兵對他們視若無睹，任由馬蹄踐踏他們的身體，讓他們痛苦地死去。那些尚存一絲氣息的人，則被清掃隊的士兵用鐵制工具從街道上拖走，連同死去的人一道被拋進臭氣熏天的坑裡。

小西庇阿為了讓士兵保持旺盛的戰鬥力，利用了人性殘忍的一面，沒有阻止士兵的殘暴。他還讓殺戮分隊輪番上陣，對城內進行一遍又一遍的殺戮，目的就是要讓還在抵抗的敵人放下武器。在此之前，迦太基城的衛城區構建了較為嚴密的最後一道防線。依據羅馬史學家維萊伊烏斯·派特爾庫魯斯（Velleius Paterculus）的描述，迦太基城的城區布局「一分為二，兩個部分彼此相異，又渾然一體。下城區從外觀來看，為垂直相交的網格狀布局。而衛城畢爾薩山坡上街道的排列格局則呈放射狀」。畢爾薩狹窄而陡峭的地形將畢爾薩山變成了設伏的絕佳場所，三條狹窄的街道通往陡峭的斜坡，一排排六層的房屋矗立在每條街的兩側。迦太基城內的居民在屋頂上用矢石如雨點一般砸向正在進攻的羅馬士兵，羅馬人因此死傷眾多。小西庇阿是一流的攻堅專家，他命令軍團直接向房屋發動猛烈攻擊，破壞掉房屋的支撐結構，屋頂上的居民就會跌落下來。羅馬人登上屋頂後，用厚厚的木板鋪成通往毗鄰樓房的通道。這樣一來，羅馬軍團的猛烈攻勢就得到了恢復。鑒於在攻勢恢復前羅馬士兵因城內軍民的有效抵抗而遭受的傷亡，不排除小西庇阿以屠殺他們發洩憤怒的可能。

直到第七天，迦太基城內的人們實在忍受不住羅馬人的瘋狂殺戮了，一個由元老組成的代表團手持象徵和平的橄欖枝來到小西庇阿面前，乞求這位將軍不要再殺戮了。將軍答應了元老們的請求。當天晚些時候有五萬名城中居民走出了衛城，當這些人走過一道狹窄的城門時，不少人回頭一望，眼神中充滿了絕望和恐懼。他們知道，悲慘的奴隸生活即將開始。

城內的大部分人已經投降，除了護城指揮官哈斯德魯巴、他的家人以及一些部下還在做最後的抵抗。他們依靠艾斯蒙神殿高聳入雲的特殊地理位置（如前文所述，若站在神殿位置向下觀望，會看到迦太基的城區順著山勢往下呈放射狀排列）向羅馬人做出最後的盡可能的攻擊。

羅馬人發動了好幾次衝擊，都失敗了。

雖然迦太基人明知抵抗是無效的，但在哈斯德魯巴的率領下，他們仍然繼續堅持著。長時間的作戰讓他們睡眠不足、筋疲力盡、饑腸轆轆，只能爬上屋頂做最後的一擊。

就在這個時候，一向堅定的哈斯德魯巴竟然第一個投降了。剩下的人看到將軍艱難地匍匐在死敵羅馬人的腳下，全都憤怒了。這樣不堪入目的一幕促使他們慷慨赴死的決心。他們一邊咒罵著貪生怕死的將軍，一邊點燃了神殿，讓這一切化為灰燼。

根據目擊者波利比烏斯在《歷史》[1]中的描述，迦太基城毀滅的最後一刻十分慘烈，哈斯德魯巴的妻子對丈夫的投降行為怒不可遏。她高聲喊道：「可憐蟲！叛徒，沒骨頭的玩意兒，我和我的孩子將葬身於這片火海。而你，偉大的迦太基領袖，要做羅馬人凱旋儀式上的裝飾嗎？啊，你現在坐在他（西庇阿）的腳下，還不知要受到什麼樣的懲罰呢！」隨後，她殺死了自己的孩子，將屍體一一拋入火中，然後她自己也跟著跳進了火海。內心複雜無比的哈斯德魯巴癱倒在地上，表情極為痛苦。

這個歷經七百年風雨的海上帝國就這樣不復存在了，哈斯德魯巴的妻子和孩子成了帝國最後的殉葬者。

§

我們不禁會問，是什麼原因讓這個強盛的海上帝國走向毀滅的呢？一些觀點認為

1 迦太基城最後陷落的情景，最真實、最全面的記錄當數古羅馬歷史學家波利比烏斯的記載，可惜他的許多著作都已失傳了。今天我們能見到的相關資料主要源於古羅馬史學家阿庇安的記載，他記錄了一些波利比烏斯著作裡的內容。

是這個帝國的人傲慢、虛偽、貪婪、不可信賴、殘暴不仁和無信仰造成的。

很明顯，這是不可取的。

上述觀點多是受了西元一世紀晚期的羅馬元老西利烏斯·伊塔利庫斯（Silius Italicus）的作品《布匿史詩》的影響。這是一位以文學家自稱的羅馬人，他寫了一部以羅馬與迦太基之間第二次布匿戰爭為主題的史詩作品。這部詩歌作品長達一萬兩千多行，可謂洋洋灑灑，其中最讓人難忘的一段可能要數獻給正在西班牙作戰的迦太基將軍漢尼拔·巴卡（Hannibal Barca）的。

西利烏斯·伊塔利庫斯在《布匿史詩》中的描述是這樣的：為漢尼拔所喜愛的不僅是飾有羽毛的頭盔、帶有三道飾釘的胸甲、劍和矛的精湛工藝，還有那面表面雕刻有迦太基歷史、錯綜複雜畫面的巨大盾牌。盾牌上囊括了迦太基歷史上的重要事件，包括泰爾女王狄多（Dido）創建迦太基城，狄多與建立了羅馬的特洛伊人埃涅阿斯（Aeneas）之間的愛情悲劇，第一次羅馬和迦太基大戰中的一幕幕，以及漢尼拔本人早年的軍旅生涯。這些剪影被一些當地色彩裝飾著——幾幅所謂非洲田園風光的插畫，包括放牧、狩獵和撫慰野獸……西利烏斯·伊塔利庫斯繼續寫道，漢尼拔收到這份禮物時欣喜不已，他歡呼道：「啊！羅馬人那潮水般的鮮血將浸透這些盔甲！」

然而，這位穿著光彩豔麗鎧甲的迦太基將軍成了一個鮮活的歷史教訓。按照西利烏斯．伊塔利庫斯的描述，這套鎧甲以及他的兵器都用黃金進行了加固和裝飾，它象徵的是輝煌和榮耀。迦太基最後還是被羅馬滅亡了，這難道不是對這個帝國的莫大諷刺嗎？

按照英國歷史學家理查．邁爾斯（Richard Miles）的觀點，在這部史詩中描述的「這場史前史中羅馬人所打過的最著名戰爭的絕大部分是虛構的」。有人可能會問：「那又如何？」畢竟《布匿史詩》本身並非歷史著作，而是一部不算特別優秀的史詩。然而，持邁爾斯觀點的人忽略了一些重要的相關細節。首先，西利烏斯寫這部作品時距迦太基亡國已有近兩百五十年了，「雕刻在漢尼拔盾牌上的那一幕幕歷史場景已經成為將迦太基貶為偉大羅馬的鬼魅般婢女的『史實』正典的一部分」。其次，在這些場景中有一幅畫面值得我們深思，繪製在漢尼拔盾牌上的場景給予我們提出疑問的勇氣。按照這幅畫面的描述，直接導致第二次布匿戰爭爆發的原因是漢尼拔撕毀了與羅馬人簽訂的協議。換句話說，是迦太基人的背信棄義，而非羅馬人對外擴張的野心招致了它的毀滅。

顯然，這是經不住質疑的。

特別有意思的是，羅馬人如此強調迦太基人的「背信棄義」，以致拉丁語的習慣語「fides Punica」的字面意思竟被解釋為「迦太基式的誠信」了。這個詞語也成為用來描述徹頭徹尾背信棄義，且廣泛使用的諷刺用語。

而羅馬人描述的埃涅阿斯（羅馬城建立者之一）為了前往義大利，無情地拋棄了自己的愛人狄多的故事[2]則涉及忠誠問題。按照羅馬人的說法，高貴的迦太基女王狄多曾苦苦哀求愛人埃涅阿斯不要走，留下來陪她。埃涅阿斯還是決絕地離開了，傷心的迦太基女王狄多選擇了自殺[3]。如果要說情感上忠誠，不忠誠的應該是羅馬人埃涅阿斯，而不是作為妻子的狄多。

2 特洛伊戰爭中，受困的埃涅阿斯衝出被焚燒的特洛伊城後，漂泊在地中海一帶。後來，他的船在非洲海岸遇難，迦太基女王狄多救了他。

3 說法不一，猶太歷史學家瑟弗斯認為狄多忠貞於丈夫，拒絕了利比亞國王的瘋狂追求，為了躲避這場婚姻，她選擇了火祭殉情。

今天，不管是突尼斯人還是遊客，抑或漂泊的遊子站在迦太基的遺址上，或許都會產生某種懷念和憧憬的情緒，並發出一絲莫名的感嘆。這位迦太基女王曾遭受過一段痛苦的經歷：相傳，狄多是泰爾王的女兒，嫁給了赫拉克勒斯（Heracles，又譯海格力斯）——希臘人視赫拉克勒斯與迦太基神梅爾卡特（Melqart）為同一神——的一位高級祭司亞瑟巴斯（Acerbas）。亞瑟巴斯擁有富可敵國的財富，遭到國王皮格馬利翁（Pygmalion）的覬覦，為了活命的狄多帶著自己的追隨者——八十位被稱為神娼的年輕女子（確保腓尼基的宗教儀式在其避難定居之地得以延續）——揚帆出海，去尋找一個屬於自己的新王國。在北非的海岸，她發現這裡地勢險要又可控制地中海交通要道，就利用自己的聰明才智建立了迦太基城。傳說中著名等周定理的數學問題與她有關，北非的烏提卡（Utique）人接納了狄多，利比亞人也歡迎她的到來。因此，「狄多」的稱謂是這些人的說法，意為「流亡者」。狄多的原名，根據維吉爾（Vergil，全名 Publius Vergilius Maro）在《埃涅阿斯紀》中的說法，叫埃利薩（Elissa）當狄多要購買這裡的土地時，利比亞人有了自己的盤算，國王說狄多只能購買一塊牛皮大的土地。隨後，狄多女王將一塊牛皮切成細條，用它們圈出了畢爾薩山，即迦太基衛城的周邊。女王對情感的渴求，或者說對愛情的忠貞促使她在失去埃涅阿斯後選擇了自殺。大概是狄多女王這種強烈的情愫感動了許多人，當我們面對迦太基遺址的時候，不禁產生一些感嘆。不過，也有學者認為這是羅馬人強加給迦太基人的羅馬情結，因為，歷史上有沒有狄多女王還是一個疑問。假設羅馬人（更多指向羅馬詩人維吉爾）描述的情節是真實存在的，也不過是羅馬人的一種對黃金時代的過度懷念情緒罷了。

對迦太基帝國的裁決在一些學者看來甚至是「一種徹頭徹尾的錯誤——迦太基城已經成為羅馬人豐功偉業的磨刀石，已將羅馬人的寶劍打磨得鋒芒逼人」。在迦太基滅亡約五十年後，一位被政敵擊敗的羅馬將軍蓋厄斯・馬略（Gaius Marius）流浪到迦太基城，他在廢墟之城的小屋裡窮困潦倒地度過了餘生。羅馬歷史學家維萊伊烏斯・派特爾庫魯斯曾說：「在這裡，當馬略凝望著迦太基的時候，迦太基也在注視著馬略，他們很可能在彼此安慰著。」

羅馬人塑造了狄多的形象，又讓她被多情的男人負心拋棄。羅馬人費盡心思地毀滅了迦太基，當羅馬帝國也走向衰亡的時候，卡在羅馬人心中的那道坎自是過不去的。這難道不是一種自我的諷刺嗎？

除上述內容，我們還必須正視這樣一段歷史：許多羅馬人曾經對迦太基人充滿了民族敵視情緒。按照古羅馬共和國的著名演說家老加圖的說法，「迦太基必須毀滅」。當然，這並不是以偏概全，持有強烈民族敵視情緒者主要是「那些定居在西西里島、在羅馬崛起之前就在商業和政治上與這一地區的迦太基人競爭的希臘人」。因此，從很大程度上來講，是可怕的野心毀滅掉了迦太基。

為了讓毀滅更徹底，在西元前一四六年，羅馬將幾乎所有迦太基圖書館的藏書都給了努米底亞（Numidia）王國的王子。這個古羅馬時期的柏柏爾人王國（大致位於現今的阿爾及利亞東北和突尼斯的一部分）是羅馬的附屬國，也是迦太基以西土地的名稱。隨著這個附屬國的發展，其陸地領土完全包圍了迦太基。因此，羅馬人把迦太基圖書館的藏書交給努米底亞王子的用意就很明顯了——羅馬人試圖以這種方式抹殺掉迦太基的大部分歷史，從而確立在迦太基帝國滅亡後羅馬作為正統迦太基人的形象。從人性和道德的角度來講，這是非常殘忍及自私的。

早在布匿戰爭期間，羅馬人就開始著手書寫迦太基歷史，可見其用意有多麼深邃了。不過，迦太基歷史記錄的消失與帝國的滅亡並不意味著它從此不復存在。這場戰爭，或者說這個海上帝國的滅亡依然可以從零散的歷史記憶中得到相對完整的真相。

§

西元前九世紀上半葉後期，亞述（Assyria）國王亞述納西拔二世（Ashurnasirpal II，年代不詳—前八五九年）率領軍隊向腓尼基海岸進發。這個帝國的存在從某種層面上講，促進了腓尼基人、泰爾人、敘利亞人和希臘人（或者說成羅馬人）彼此的交流與碰撞。

許多時候，人們會因為領土、貿易和信仰等原因進行戰爭。遠征前，這位亞述國王充滿了自信和榮耀，他在地中海的海水裡清洗了自己的兵器，並虔誠地向神靈獻祭。

理查·邁爾斯在《迦太基必須毀滅》一書中引述了學者亞伯特·柯克·格雷森（Albert Kirk Grayson）的觀點，這次出征讓亞述國收益頗豐。國王甚至認為，「我收到了沿海諸國——換句話說，泰爾、西頓、比布魯斯（Byblos，今黎巴嫩朱拜勒）、馬哈拉圖（Mahallatu）、邁祖（Maizu）、凱祖（Kaizu）、阿穆魯（Amurru）和大海中央的城市阿瓦德（Arvad，今敘利亞魯阿德島）諸民族之土地國王的貢品，白銀、黃金、錫、青銅和青銅器、彩色的亞麻布服裝、一隻體形巨大的母猴子、一隻小母猴、烏木、黃楊木和海洋生物的長牙。他們臣服於我了」。

實際上，亞述王國曾多次遠征腓尼基。這個國家的國力蒸蒸日上，憑藉強大的軍事力量和手段，讓腓尼基定期繳納大批貢品並不奇怪。早在亞述國王提格拉特帕拉沙爾一世（Tiglath-Pileser I，年代不詳—前一〇七七年）時期，這個國家的軍隊就已入侵過腓尼基地區，並從當地各城的統治者那裡收到了大量貢品。

在亞述國的碑文和浮雕中記載了它發動戰爭的場景。亞述人透過戰爭創建了一個極盛的帝國，其領土包括了今天的伊拉克、伊朗、土耳其、敘利亞、黎巴嫩、巴勒斯坦、以色列、約旦、埃及和賽普勒斯大部分地區。

然而，面對這個強大的鄰居，在很長一段時間裡腓尼基人的表現讓人驚訝——他們不覺得亞述人對他們有多大的威脅。從地理環境來講，這個帝國的東面為陡峭的山脈環繞，西邊繁榮的腓尼基諸城沿著地中海海岸線的狹長地帶散布開來，這些區域相當於現代黎巴嫩的領土。這些城市當中的居民被競爭對手希臘人稱作「腓尼克斯」（Phoínikes），他們也承認「迦南人」（Canaanites）這一共同的民族身分。也就是說，被稱為「腓尼克斯」的腓尼基人是黎凡特（Levant，一個不精確的歷史地理名稱，泛指東地中海地區，包括現代的敘利亞、黎巴嫩、約旦、以色列、巴勒斯坦）

和敘利亞以北所有沿海平原的迦南之地的居民。同區域及周邊區域的民族在相互交融中已經形成了一種信任感、依賴感。因此，擅長海洋貿易的腓尼基人不會覺得給予鄰居一些貢品有什麼問題。

另一種說法，希臘語中的腓尼基人屬於更為寬泛的範疇，它還有可能包括了敘利亞北部各國的居民，這些國家或城邦都參與了海外貿易，因此，希臘人說的腓尼基人應該是一個共同體。因此，腓尼基並不是作為一個統一的政權而存在的，直到一千多年以後羅馬人建立了以這個名字命名的行省。正是因為這些不統一而造成的弱點，使得它們遭到了來自近東主要強權的威脅。

於是，我們就很容易理解腓尼基人的上述表現了：一方面是出於民族身分上的認可；另一方面只要政治上是獨立的，那就是安全的。加之還有黎凡特沿海眾城市以強硬的姿態長期捍衛著它們的政治獨立，自然腓尼基人保持著相當不錯的自信。這份自信主要源於那無與倫比的對海洋的控制能力。

根據義大利古代近東歷史學家利韋拉尼（Liverani）的描述，從約西元前三三〇〇—前一二〇〇年的青銅器時代的近東，奢侈品交易長期在國與國之間的外交關係中占據著核心地位，這就使得王室始終能夠牢牢地控制長途貿易。而那些停駐在外國港口的商人實際上是代表著統治者利益的皇家代理人。君主希望這些商人能夠作為自己的代表，在進行海上貿易的時候受到其他國家提供的商業和法律上的保護，並得到使者般待遇。因此，奢侈品交易不僅僅是純粹的商業活動了，還有外交活動的成分在其中。要知道，一些奢侈品如聞名於世的雪松在黎凡特山脈就有，但許多珍貴原料只能取自隔海相望的地區。

雖然亞述帝國在鼎盛時期的疆域已經達到了極為廣袤的地步，但是，對於海洋，他們依然不敢聲稱自己控制了這片遼闊的海域，就連他們引以為傲的、無所不能的神阿舒爾（又譯安沙爾，Anshar）也不行。因此，不僅是亞述人，許多民族都對海洋懷有崇敬和虔誠的敬畏之心。就拿埃及人來說，他們憑藉尼羅河的恩惠擁有較強的海洋能力，但在漂洋過海的旅程中只能依賴他們那些糟糕透頂的劣質裝備。在很長一段時間裡，埃及人的平底內河船連最平靜海域掀起的風浪都無法承受，更不用說發動戰爭獲得那些隔著重洋的地區了。就連獲取愛琴海世界的珍稀商品和原料，他們也「不得不依靠中間人——因『邊境延伸至大海』而扮演關鍵角色的腓尼基城邦的協助來勉力實現自己的願望」。的確是這樣的，作為最優秀的海洋民族，腓尼基以當時最先進的航海技術為他們助力。早在西元前三千年，來自腓尼基城市比布魯斯的水手就已經研製出了擁有弧形船體的船隻了，它比埃及的平底船先進了許多，能夠經受得住大海嚴峻的考驗。腓尼基人憑藉這些船隻將雪松一類的奢侈品源源不斷地運往埃及。

在接下來的許多個世紀裡，比布魯斯和其他腓尼基王國如西頓、泰爾、阿瓦德和貝魯特（Berut）等將奢侈品和大量原材料從海外市場運回近東，而腓尼基人擁有的貿易航線也越來越多，覆蓋了包括賽普勒斯、羅德島（Rhodes，因古時島上多蛇而得名，在腓尼基語中，erod即蛇的意思。羅德島是希臘第四大島，位於愛琴海東南部和地中海的交界處，與土耳其隔馬爾馬拉海峽相望）、基克拉澤斯（Kyklades）群島、希臘大陸、克里特（Crete）島、利比亞海岸和埃及在內的眾多地中海東岸的地區。近現代考古成果顯示，在一些失事船隻的殘骸中發現了關於所運物資的資訊，它們主要是銅錠、錫錠、玻璃、金銀首飾、彩陶器和雪松。

迦太基人憑藉優質的運輸服務，在近東海域或更遠的海上貿易中扮演了關鍵角色，讓黎凡特及敘利亞北部的沿海城市免受變幻莫測的政治活動傷害，因為所有的大國都需要並且重視他們提供的服務。對腓尼基人來說，局勢越動盪，商機就越明顯。特別是在西元前十二世紀末期，地中海東部地區十分不安全，海盜、被遣散的雇傭軍、無地農民、新起城邦……，它們青睞於這一區域的財富，毫無顧忌地進行劫掠、殺戮和破壞，導致許多已經在這一地區統治了幾千年的舊統治集團分崩離析，甚至一些國家也因此消失了，如敘利亞北部的烏加里特（Ugarit）王國、小亞細亞的西臺（Hittite）帝國，就連強大如亞述、埃及那樣的國家，其政治影響力也遭到嚴重削弱。

就在許多政權消失或被削弱的時候，腓尼基人迎來了近三個世紀的黃金時代。商業活動帶來的巨大影響力促使他們變得更加強盛，直至成長為一個超級海上帝國。

這時候的腓尼基人無須再對鄰國的威脅做出讓步，包括亞述、敘利亞等，並且敘利亞北部的許多商業競爭對手也因腓尼基的強盛而被摧毀了。聰明的腓尼基人不再滿足於僅僅充當貿易運輸的角色，而是將商業活動擴大到了奢侈品製造領域——他們把珍貴的原材料卸在碼頭上，然後運往手工作坊進行加工。那些來自敘利亞北部、非洲和印度的象牙是最受青睞的原材料，工匠們把它們雕刻成精美的傢俱裝飾物，而更為豪華的奢侈品則被工匠巧妙地嵌入了寶石。這些商品在製成後再被運輸到海外市場，其中也包括敘利亞和埃及。

金屬製造是腓尼基人的另一特色產業。腓尼基的工匠在青銅和銀碗的製造方面體現出了非凡的技術水準。他們採取折衷主義，融合眾家特色又有取捨，成品出來後頗具觀賞性，簡直是巧奪天工。更讓人驚訝的是，他們在打造金銀首飾的時候採用的是次等寶石作為裝飾，其細節卻能達到令人吃驚的程度，產量也相當可觀。這些金銀首飾中，最受歡迎的主題是埃及的巫術符號，如太陽神荷魯斯（Horus）的眼睛、聖甲蟲和新月狀的太陽，因為具有象徵意義的符號可以讓攜帶者免受在陽間潛行的惡魔——夜魔飛鳥或扼殺者、蛇身惡魔——的傷害，自然就非常受歡迎了。關於這一點，可以追溯到西元前七世紀，當時有許多人用腓尼基語書寫對付陽間潛行惡魔的咒語。至於這些惡魔到底是什麼，因缺乏史料，無法具體解釋，也許就是今天我們見慣的飛禽走獸之類的。

帶刺繡的服裝和染成深紫色的布匹也是腓尼基工匠製造出來的人間珍品。這一點，可以從荷馬的《奧德賽》中得到證實。希臘人後來就用「phoînix」（腓尼克斯）來形容紫色或深紅色，其命名就是源於「來自黎凡特海岸的人」。

我們不得不佩服腓尼基人的聰慧，他們能從軟體動物的腮下腺提取汁液作為染料。根據考古學家對一些腓尼基城鎮遺跡的研究成果，我們基本知道了生產染料的相關流程：首先將被漁網捉住的軟體動物的貝殼擊碎，然後將其身體部分保存一段時間，曬乾後將它們投入到鹽水中。由於生產的布料過多，導致城鎮的邊緣地帶（考慮到汙染問題，這些生產場地一般選在郊區）——如西頓的生產基地——被丟棄的骨螺貝殼堆積成山，其高度竟然超過了四十公尺，足見其繁榮程度。當然，腓尼基工匠還生產大量的非奢侈品，如鐵制家庭用品和農具，投槍和槍頭等也在出口商品之列。這些商品的出現，對許多地區農業的發展起到了重要作用。

繁榮的商業活動讓許多腓尼基城市的地位得到了明顯提高，同時也帶動了其他城邦的崛起或繁榮。泰爾城邦當屬其中的翹楚，這座城邦在國王阿比巴爾（Abibaal）和希蘭一世（Hiram I）的統治時期國力強盛，至於埃及、亞述這樣的國家在這一時期處於沒落期，不會對腓尼基造成什麼威脅了。反而是新的勢力猶大王國的出現讓阿比巴爾看到對外擴張的機會——他可以利用這股力量壓制腓尼基。於是，他派出使者攜帶諸如雪松等貴重禮物前往猶大王國。當使者與國王大衛（David）商談之後，一個泰爾和猶大王國的聯盟就初步形成了。

考慮到這個聯盟形成後所具備的地理優勢，即聯盟的版圖中有與腓尼基城市內陸地區接壤的區域，這些區域能有效地切斷腓尼基朝東方延伸的內陸貿易路線。西元前九一六年，所羅門（Solomon）接替了大衛的位置，成為猶大王國的國王。不久，泰爾城邦的國王希蘭一世派出使團進行造訪。雙方簽訂了一份商業協定，由泰爾提供木料和工匠，並在耶路撒冷（Jerusalem）城修建一座耶和華神廟、一座皇宮。前者用於祭祀猶太人的上帝，後者屬於國王行宮。隨後，希蘭一世派出大批臣民前往黎巴嫩山砍伐雪松和柏木，工匠們則在採石場打磨修建神廟用的石塊，而後將它們運往耶路撒冷。所羅門也委託一位名叫切洛莫斯的以色列—泰爾混血鑄工負責為神廟鑄造精緻複雜的金、銀、銅質裝飾物。

這份商業協定讓泰爾受益匪淺。

作為回報，以色列人不但會支付一筆白銀，還需要每年向泰爾提供超過四十萬升小麥和四十二萬升橄欖油——這對國土面積狹小的泰爾來說是極大的恩惠。條約最先規定的期限是二十年，後來又簽訂了一份新的協議，以現金支付一百二十塔蘭特黃金的形式，所羅門將位於加利地區的二十座城市賣給了泰爾。

從政治角度來講，因為這份新協議，泰爾現在就擁有了能鞏固黎凡特地區地位的腹地。從商業角度來講，泰爾擁有了能進入以色列、猶地亞、敘利亞北部市場的特權。換句話說，這兩個國家只要聯手就能進行更多的海外冒險活動。一支由泰爾、以色列組成的聯合探險隊不僅來到了蘇丹和索馬里，其足跡甚至可能已經遠渡印度洋了。這支艦隊載著金、銀、象牙、寶石歸來後，因利潤巨大，又多次進行了往返。西元前九世紀中期，泰爾國王伊索巴爾一世（Ithobaal I，西元前九一五—前八四七或前八四六年）的女兒耶洗別（Jezebel）與北以色列國新王亞哈（Ahab，年代不詳—前八五二年）結婚，這種聯姻關係使得兩國的關係更加牢固。

更進一步來講，伴隨著泰爾國力不斷增強，這個城邦國家就更有能力參與到海洋貿易中了。而歷代國王，特別是希蘭一世對宗教信仰的滲透已經讓腓尼基人逐漸接受了新神梅爾卡特，並且，其宗教儀式也在腓尼基眾城市的公共和個人生活中處於中心位置。原先泰爾的主神是埃爾（El），另外還有三位風暴之神（眾神的長者），它們分別是巴力夏曼（Baal Shamen）、巴力馬拉格（Baal Malage）和巴力希芬（Baal zephon）。巴力（Baal）這個詞在古代西亞西北閃米特語通行地區表示「主人」的意思，一般用於神祇，演變到後來，巴力所代表的就是「神」的尊稱。泰爾人將新神梅爾卡特塑造成無可爭辯的神聖的王室守護者，他既是精神領袖，又是傳播君主意志的工具。為了強化這位神的地位，泰爾國王還引進了複雜的新宗教儀式，用以慶祝一年一度的梅爾卡特節。每年春天，人們會看到一個特殊的神聖儀式，一座神像被置於一隻巨大的木筏上，在舉行一番儀式後被點燃，隨後木筏漂向大海，聚集在一起的人們歡快地吟唱著讚美歌。

幾個世紀以來，梅爾卡特的影響力與日俱增，希蘭一世透過他的長遠計畫讓泰爾人在腓尼基的眾城市站穩了腳跟，甚至西頓成了泰爾人的臣屬（希蘭一世和伊索巴爾一世這兩位君主都被冠以「西頓人之王」的頭銜）。這表明，泰爾的商業影響力已經較強了。在長期的交融中，他們與腓尼基人融合，一些學者認為，更接近今天我們理解的腓尼基人就是泰爾-西頓聯盟下形成的。準確來說，腓尼基人應該是南黎凡特的泰爾人與西頓聯盟後的產物。他們主要進行貿易和探險活動，兩者聯合規模擴大，具備了城市的主要要素，形成了相當於「大本營」之類的人類聚居地，這片土地被稱為普特（Pūt），當地人被稱為波尼姆（Pōnnim）。

當然，這只是一些學者的說法，具體的尚有爭議。不過，有一點可以肯定，泰爾的國王透過這樣的融合而福祉連綿。特別是在迦太基這樣優秀的海洋帝國不斷提升航海技術和造船技術的時候，毫不誇張地說，泰爾人真是生逢其時啊！

有兩項創新成果必須一提：一是利用北極星作為導航手段，腓尼基人把它稱作「腓尼克」；二是為了增強船隻的封閉性，使用了「龍骨以及將厚木板用瀝青並排黏連在船殼表面」的技術。這兩項創新成果都是具備劃時代意義的——導航更為明確、船隻封閉性更好就能實現更遠的航海活動；同時，加了龍骨、密封性更好的船隻抗擊海水侵蝕、風暴襲擊的能力也得到了很大提升。

受惠於迦太基民族優秀海洋能力的泰爾人在伊索巴爾一世時期，即西元前九世紀最初的幾十年間建立了以自己為中心的貿易網路，其足跡遍布小亞細亞、賽普勒斯、亞美尼亞、伊奧尼亞群島、羅德島、敘利亞、猶大王國、以色列、阿拉伯及近東的眾多地區。在這期間，泰爾人還修建了具有標誌性特徵的港口——「埃及人」，用於管理大量進出的貨物。

看到他國還有迦太基國蒸蒸日上，這讓作為鄰居的亞述帝國心裡很不是滋味。既然得不到，就採取強硬的軍事手段讓他國臣服吧！

§

亞述帝國為了讓國家有效地運轉下去，國王迫切希望能與腓尼基諸城邦建立貿易合作關係，並希望這些城邦能為王室艦隊提供大量船舶和船員。亞述人尤為重視貴重金屬，特別是白銀，它最終將成為「整個帝國所接受的硬貨幣以及打造兵器所需的鐵的流向」。腓尼基城邦對亞述的利用價值意味著「一些城邦將繼續享有一定程度的政治及經濟自治權，而非被併入這個帝國」。因此，亞述人率先要剷除的對手並非腓尼基人，而是泰爾人、敘利亞人和其他民族。

亞述帝國使用軍事手段令他國俯首貼耳，其內部最大的力量來源於「士兵、織工、皮匠、農民、鐵匠及其他工人須不斷履行向亞述王國繳納必需的原料和金錢的義務」的制度。這樣的制度將促使這些人員想盡辦法獲得更多的物質。侍臣、高級王室官員則享有免稅權，並被授予大小不一的封地。他們能擁有這些福利的前提是完全效忠於帝國，而亞述的國王們常常鼓吹是自己為臣民提供了一切，包括那些最低賤的臣民。

僅僅是鼓吹不會有什麼效果。

亞述帝國的國王們熱衷於發動戰爭，並修建宏大的王室工程。尤為引人注目的是，西元前七世紀初，亞述國王辛那赫里布（Sennacherib）在尼尼微（Nineveh，古代亞述帝國最古老的城市和首都，意為「上帝面前最偉大的城市」。該城位於底格里斯河東岸，與今日伊拉克北部城市摩蘇爾隔河相望，《聖經》中曾提到尼尼微城名：「耶和華必伸手攻擊北方，毀滅亞述，使尼尼微荒蕪，乾旱如曠野。」）修建了一座「無可匹敵的宮殿」，這座宮殿占地面積超過了一萬平方公尺，裝飾有銀、銅以及精心雕刻的象牙和香木，就連傢俱也是用最優質的原材料製成，上面鑲有象牙和貴重金屬，可謂富麗堂皇。更讓人歎為觀止的是，宮殿的外牆每一公分都覆蓋著精細的描述國王凱旋場景的概略圖。

由於亞述帝國的軍事介入——剷除阻礙帝國發展的對手——泰爾人再也無法與賽普勒斯的商業夥伴保持長期的友好關係了。到了西元前八世紀，敘利亞人也遭受到亞述帝國的攻擊。這一時期的亞述國王阿達德尼拉里三世（Adad-nirari III，年代不詳—前七八三年）征服了敘利亞北部，這對泰爾人來說喜憂參半。具體來說，亞述人拿下了敘利亞北部意味著消滅了一個最可怕的商業競爭對手，泰爾人在現有的商業貿易中感到的壓力小了。作為征服者，亞述帝國可以享有敘利亞人與腓尼基人生產或交易的商品了。可是，對泰爾人而言，他們喪失了一處重要的貴重金屬來源地。面對強大的亞述帝國，泰爾人必須勘探、開發新的礦藏資源，並積極拓展新的商業貿易路線，以便能上交貢品和滿足自身所需。最好的拓展方向就是地中海中部和西部，這一時期大約在西元前九－前八世紀早期（學術界有爭論，說法不一，這個時間段是大致推算出來的）。

不僅僅是泰爾人、敘利亞人，就連腓尼基人也在向上述地區進行商業拓展。對腓尼基人來說，他們不可能沒有覺察出亞述帝國的野心。在他們的拓展下，義大利中部、愛奧尼亞群島、西西里島北部、伊比利亞半島、克里特島和賽普勒斯成了充滿活力的貿易圈，而薩丁島就是這個貿易圈的交會點。第一批腓尼基移民大約在西元前九世紀末或前八世紀初來到薩丁島，與賽普勒斯人一樣，薩丁島人同樣被腓尼基人的商業頭腦和貿易能力所吸引。隨後，腓尼基人又在那不勒斯灣的皮塞庫薩島（Pithecusa，今義大利伊斯基亞島）上，與來自希臘尤比亞島的殖民者建立了一些合作關係。這樣一來，希臘人與腓尼基人就有了產生交流甚至矛盾衝突的可能。事實的確如此，皮塞庫薩擁有豐富的鐵礦。這裡的人們用它來交換近東和愛琴海地區的奢侈品。早先作為媒介的是大陸上的鄰居，如伊特魯里亞人、坎帕尼亞人……。現在，腓尼基人來了，他們被殖民者希臘人視為對手。

當然，成為對手是經過一些過程的。最初，腓尼基人與這裡的希臘人建立了聯盟——因為希臘人缺乏精美的銀飾品。特別是在西元前七世紀，縱觀希臘主要廟宇的祭品，青銅仍是祭品中最常用的貴重金屬。後來，希臘人或者說正在走向帝國之途的希臘人為了構建強大的帝國，就必須要除掉對手迦太基。

從某種層面上來講，是亞述帝國的軍事擴張促進了泰爾人、敘利亞人和腓尼基人等走向更遠的區域，並與更遠的區域產生多種商業上的交流與合作，進而由商業上的交流與合作產生了諸多碰撞。

腓尼基人的命運得益於他們優秀的海洋能力，可能也敗於這項能力。

§

隨著希臘人的商業活動變得越來越頻繁，他們就愈加感受到腓尼基人有多麼優秀。因此，必須要描述的就是控制海洋所必需的利器三列槳戰艦。這種艦船也因太過有名而被我們熟知。

對其他船型而言，三列槳戰艦在西元前七－前四世紀的地中海地區擁有壓倒性的優勢。按照現代學者的觀點，它主要是由腓尼基人發明的，也有觀點認為是科林斯人於西元前八世紀發明的。不過，這種觀點似乎站不住腳——沒有任何證據表明在西元前六世紀之前希臘有三列槳戰艦存在。

最有力的證據之一就是：第一個與三列槳戰艦建造有關的是埃及法老尼科二世（Necho II），他於西元前六世紀初建造了三列槳戰艦，並在紅海和地中海地區使用。然而，埃及人在之前是沒有任何建造三列槳戰艦記錄的。因此，最有可能的是尼科二世引進了外國專業人才，而腓尼基人長期向紅海和地中海地區供應造船所需的木料。這就是說，三列槳戰艦主要是由腓尼基人發明的更具有說服力。

「地中海也為那些生活在它邊緣的人提供了互相接觸的管道」，因此「能夠在地中海航行的船隻被建造出來就意味著商品、奴隸和創意可能正在相隔數千里的地區之間被用於交換」。理查・邁爾斯在《迦太基必須毀滅》（*Carthage Must Be Destroyed: The Rise and Fall of an Ancient Civilization, 2010.*）一書中寫道：「與地中海本身一樣，那些成功掌握了與造船業、航海學相關的複雜工藝和技術的人不僅扮演了文化交流與融合的媒介角色，還擔當了文化差異的象徵。這些看似相互矛盾的動態發展提供了腓尼基-希臘關係的基礎。」

因此，承本節開頭所說，希臘人與腓尼基人的商業活動（實際上，並非只有商業活動，還有文化等其他方面的交流）中必然會產生一種由驚歎到羨慕，由羨慕到敵視的存在。

這絕不是妄加揣測，從荷馬的兩部作品《伊利亞特》和《奧德賽》中我們會發現上述「存在」的端倪。這兩本書記載了西元前八－前七世紀希臘和腓尼基在地中海的殖民擴張。其中，能代表這兩個民族殖民產物頂峰的是荷馬在《伊利亞特》中描述的一隻巨大的酒杯。荷馬說，那是「西頓工藝的巔峰之作」，這件「世界上最美的東西」被阿基里斯（Achilles，海洋女神忒提斯和佩琉斯之子，特洛伊戰爭第十年參戰的半神英雄）當作一份獎品；在書中的另一情節中，特洛伊女王赫庫芭（Hecuba）擁有「西頓婦女織成的帶有華麗刺繡的諸多禮服。它們是如此貴重，以至於一直被放在宮殿的藏寶庫中，人們值得把它們獻給阿基里斯」。然而，「這種對腓尼基人工藝的溢美之詞，顯然是站在腓尼基人不誠實、貪婪、狡詐的性格描述的對立面的」。

在《奧德賽》一書中，荷馬寫下了豬官（牧豬人）歐邁俄斯（奧德修斯忠心耿耿的奴僕，奧德修斯是希臘西部伊塔卡島國王，也是古希臘神話中的英雄）描述自己是「如何淪為照料自己主人豬群的奴隸的」。「歐邁俄斯事實上是一位王子，後來被他的西頓籍保姆拐走，後者將他交給了一名腓尼基商人。奧德修斯本人也差點在腓尼基人手中遭遇同樣的命運」。歐邁俄斯還詳細描述了他是如何被「一個陰險的腓尼基人，一個已經在世界上幹下了許許多多傷天害理之事且卑劣無恥的竊賊」說服的，他還說他跟著這個人前往腓尼基，然而，「這次邀請原來不過是一次誘拐並將奧德修斯賣為奴隸的詭計」。

上述描述內容很容易讓人對腓尼基人產生一種厭惡之情。當然，這未必就是荷馬的本意，也許這是「普遍存在於希臘貴族精英之中的對商人的慣有的厭惡之情，因為這些貴族精英打算在他們自己同商業活動之間劃清界限」。

依據英國歷史學家理查．邁爾斯的觀點，希臘貴族精英的這種憎惡之情是基於「之前就已存在的」對腓尼基人的負面看法，而非只是在討論希臘民族性，或在與之無關的文學作品中將腓尼基人胡亂拉來做替罪羊。普遍的觀點亦認為《奧德賽》的成書年代要晚於《伊利亞特》，這可能表明由於雙方的商業競爭日益激烈，希臘人對腓尼基人的態度變得更加強硬。

那麼，到底是什麼原因導致希臘人對腓尼基人如此排斥呢？我們只有從當時的商業活動中找出連結。

在西元前八世紀下半葉，腓尼基人的商業活動在地中海中部地區有著很大的影響力，他們甚至成為薩丁島常住居民。不僅如此，他們還在島南部和西部的蘇爾奇斯（Sulcis）、薩羅斯（Tharros）、諾拉（Nola）建立了移民點。薩丁島擁有天然良港，不僅有能讓船隻拋錨的良地，還有能輕而易舉進入到內陸地區的通道。在內陸地區，有豐富的金屬礦石和農產品，而努拉吉（Nuraghi）人控制著這些物品。考慮到這些物品的價值，努拉吉人一直試圖控制與腓尼基人這方面的貿易。為此，努拉吉人修建了大量的軍事要塞。這表明，原先是分散部落的努拉吉人已經形成較為複雜的、擁有階級和政權的國家。

邁爾斯在《迦太基必須毀滅》中寫道：「在蘇爾奇斯發現的陶瓷清楚地顯示了腓尼基人與皮塞庫薩、伊特魯里亞的貿易活動。」在這些腓尼基殖民地的商業史中，薩丁島也扮演了十分重要的角色，同時，泰爾人也參與其中。因此，薩丁島是一個非常優秀的貿易平臺，不僅腓尼基人、泰爾人、努拉吉人、蘇爾奇斯人、薩羅斯人、諾拉人，還有希臘人都不會對擁有薩丁島輕言放棄。實際上，「在西元前八世紀，位於西班牙西南部威爾瓦（Huelva）的腓尼基商業中心一直在接受來自薩丁島的貨物」。

有必要就伊特魯里亞人展開一些描述，它將給予我們找到「排斥真相」的幫助。根據古希臘歷史學家希羅多德在《歷史》中的記載，伊特魯里亞人來自呂底亞。他們曾在西元前七世紀開始積極對外擴張，並與腓尼基人締結聯盟，占領了部分希臘在亞平寧半島上的殖民地。因此，希臘人心中應該不會對腓尼基人有好感。這種惡感從商業利益角度來講並不奇怪，並在日積月累的商業競爭中越來越明顯，而且在腓尼基人與其他交易夥伴在各區域的殖民活動中或早或晚地體現出來了。

薩丁島的西南部有一塊名叫諾拉之石（Nora Stone）的腓尼基紀念碑，其年代可追溯到西元前九世紀末—前八世紀初。儘管紀念碑殘缺不全，但透過學者對碑文的翻譯，我們大致瞭解了碑文的內容：「一位名叫米爾卡托恩（Milkaton）的腓尼基高級官員在前往他施島（Tarshish）的途中遇上了一場風暴，他和船員們僥倖存活下來，因此雕刻這座石碑向天神普梅（Pummay）表示感謝。」這是一種翻譯。

另一種翻譯描述了「米爾卡托恩的船（隊）被一場風暴吹離西班牙，後在薩丁島安全登陸」的事。還有一種翻譯大意是說「這是一場關於遠征薩丁島的軍事行動，他施島則是米爾卡托恩與其軍隊在與薩丁島的土著居民簽訂協定之前在該島攻占的一處定居點」。此處引文轉自理查．邁爾斯所著《迦太基必須毀滅》一書，由於史學界各自的說法不一，導致對這段碑文的翻譯或闡釋也不同。

關於他施島的實際位置有著大量猜測。根據英國歷史學家理查．邁爾斯的描述，「最具說服力的說法無疑是它指塔爾提蘇斯（Tartessus）——位於西班牙南部、大體涵蓋了今天安達盧西亞（Andalusia）的那片地區的古代名稱」。

無論是上述三種翻譯當中的哪一種，有一點可以肯定的是，腓尼基人一定是發現了塔爾提蘇斯的礦產資源比較豐富，或者有適合商業貿易的其他物品。根據現代考古的研究，那裡的森林曾發生火災，從而熔化了白銀礦石。希臘人曾誇大地描述熔化的白銀如小溪般從山腰流下來，這至少可以說明西班牙南部的礦藏是非常豐富的。不過，最先發現這些地區擁有豐富礦產資源的是泰爾人，泰爾人很快就意識到了它的商業價值。考慮到勢單力薄，腓尼基人（西頓人、阿瓦德人、比布魯斯人）和希臘人也參加了這樣的商業冒險。

腓尼基人是西元前九世紀上半葉第一次來到塔爾提蘇斯的。隨後，腓尼基人不斷拓展，他們沿著地中海的塔爾提蘇斯海岸，建立了一連串貿易定居點。到了西元前八世紀的最後數十年間，泰爾人成為地中海西部貿易的最大贏家。也因為如此，他們向亞述帝國繳納的貢品就更多。換句話說，泰爾人因此獲得了政治獨立的地位，其他鄰國則失去了這一地位。對此，我們可以將視角放在西元前七三〇年代的亞述帝國。根據相關歷史資料記載，「亞述國王提革拉破壞了前一任國王的政策——只要腓尼基人繼續繳納沉重的貢賦，就任由他們自由發展——攻占了有泰爾人在內的一些城市」。在這樣的境況下，泰爾人（不滿意亞述人徵收高賦稅的情緒自然是存在的）、腓尼基人不但結成了聯盟，而且發動了叛亂。亞述帝國軍事力量的強大是毋庸置疑的，因此，泰爾人和腓尼基人擁有的領地都遭到了搶占。特別是西頓、黎凡特的絕大部分領土已經不在泰爾人的掌控中了。亞述帝國甚至還有過將泰爾、阿瓦德和比布魯斯城一道併入行省的想法。

希臘人呢，他們在幹嘛？亞述帝國的強硬迫使泰爾人、腓尼基人將商業活動的重心放到了地中海中部和西部，甚至北非地區，而希臘人也參與其中，他們與腓尼基人既相互合作，又相互競爭。

§

到了西元前五七三年，泰爾在抵抗了十三年之後最終戰敗，被迫與巴比倫王國尼布甲尼撒二世（Nebuchadnezzar II，約西元前六三五－前五六二年）簽訂了屈辱的和平協議，泰爾人的商業版圖及地位幾乎由此而終結。對腓尼基人而言，這無疑是一個絕好的發展機會。

的確如此，來自地中海東部、埃及和黎凡特的商業貿易網被腓尼基人掌握了。特別是黎凡特－西班牙貿易航線對迦太基前期的發展起到了極為重要的作用。一個超級商業強國即將崛起。關於迦太基的崛起存有較大的爭議。「許多觀點受到古代與現代世界大帝國影響的歷史學家，情願將迦太基視為透過軍事和經濟壓力，尋求迅速統治地中海西部地區的帝國主義的政權。」學者布南斯甚至認為「迦太基人是一群帝國主義殖民者，而非貿易者」。古希臘的歷史學著作中，似乎也帶有明顯的偏見，認為迦太基人是「一群好鬥、惡毒的東方入侵者，他們的明確目標是蹂躪早已浸潤了西方文明的古代世界。尤其是在西班牙，那裡的迦太基人經常被指責應對塔爾提蘇斯王國的滅亡負責（學者布勞恩提曾提出一個猜想，迦太基人於西元前五〇〇年左右毀滅了塔爾提蘇斯，並且接管了它的貿易）」。

上述觀點在許多羅馬文獻裡都得到了證實，且羅馬文獻裡還講述了迦太基人背信棄義的諸多事情。譬如加的斯（Cádiz）的市民曾請求迦太基人幫助他們抵禦敵對的西班牙勢力，結果迦太基人趁火打劫，攻占了加的斯城。羅馬作家馬克羅比烏斯（Macrobius）講述了這座城市被攻占的一些內幕，說一個叫塞隆（Theron）的國王進攻了這座城市。學者維特魯維烏斯（Vitruvius）則說迦太基人使用了一種名叫攻城槌的厲害武器攻克了加的斯城。

羅馬歷史學家查士丁（Justin）根據龐培・特羅古斯（Pompeius Trogus）《腓利史》（*Historiae Philippicae*）中的說法，在其所著的《〈腓利史〉概要》（*Epitoma Historiarum Philippicarum*）中記載了「一位名叫馬庫斯的迦太基將軍在蹂躪了西西里島的眾多地區後，於西元前六世紀中葉在薩丁島被打得一敗塗地。無法接受這種恥辱的迦太基元老院將這位將軍及其餘部處以流放之刑。然而，馬庫斯和他的士兵們對這一嚴厲的判決感到憤怒，他們在過去的平叛中曾取得輝煌戰功，於是他們發動了叛亂。在包圍迦太基後，馬庫斯攻占了這座城市，但他最終在被指控密謀自立王后遭處死」。[4]

這種複雜、惡毒、鉤心鬥角又缺乏基本道義的描述只是為了證明迦太基人的負面形象。查士丁還記載道：「西元前六世紀晚期，另一個名叫馬戈的迦太基將軍，據說派了一支由他的兩個兒子哈斯德魯巴和哈米爾卡指揮的軍隊前往薩丁島。當哈斯德魯巴死於戰傷的時候，這次遠征行動差點以慘敗告終，但迦太基人最終成功在該島南半部建立了自己的地盤，並迫使幾個土著部落撤退至內陸山區。」[5]

4 龐培・特羅古斯是古羅馬屋大維時期的百科全書式的歷史學家。他寫了一部長達四十四卷以記載羅馬以外世界的歷史為主要內容的通史著作——《腓利史》。因為這部巨著，特羅古斯被西方列為四大拉丁文歷史學家之一。成書兩個世紀以後，修辭學家查士丁進行摘錄、刪減和壓縮，寫成了《〈腓利史〉概要》。此後，查士丁的《概要》廣為流傳，而特羅古斯的原書卻逐漸失傳，最後只剩下了各卷的《前言》和保存在他人著作中的一些殘篇。相關內容還可以參閱《查士丁對龐培・特羅古斯的〈腓力史〉的摘錄》（*Justin's Epitome Of The Philippic History Of Pompeius Trogus*）。

5 關於迦太基負面形象的描述內容後文有敘述，主要依據《腓利史》中的內容。

值得注意的是，上述針對西元前六世紀時迦太基人的描述大都在西元前五世紀或以後。根據理查・邁爾斯的觀點，從時間上講，「布匿戰爭之後對迦太基人極度負面的刻板印象已在希臘人和羅馬人的文化想像中根深蒂固」。事實上，「在薩丁島並無迦太基人在這一時期長期占領該地的跡象」；「西班牙南部同樣並無迦太基人入侵的有力證據，塔爾提蘇斯王國的滅亡與迦太基入侵完全無關，而與它的內部爭鬥和作為上層階級主要財源的、與黎凡特地區金屬貿易的終結息息相關」。迦太基人進入到這些地區只是商業上的日常交往，最多建立了一些移民點和貿易點（塔爾提蘇斯、馬拉加、埃布索斯），直到西元前五世紀晚期或西元前四世紀初，迦太基才開始獲得海外領地的直接控制權。

從西元前六世紀下半葉起，迦太基人的足跡延伸到了非洲（北非），從與非洲的貿易中獲取了大量食物（豬、雞、綿羊、山羊，石榴、無花果、葡萄、橄欖和桃子等）。由於史料缺乏，我們不知道迦太基人是如何獲得這一新的海外區域的。不過，一段來自希臘文的記載清晰地記錄了邦角（Cap-Bon）半島（今突尼斯東北部地區）的城市狀況：「所有的土地上都坐落著由許許多多的泉水和運河水澆灌的花園和果園。一座座造型精美的鄉村房屋與酸橙樹一道矗立於道路邊，昭示著財富的俯拾皆是。拜長久的和平時光所賜，房子裡滿是為居民們營造生活樂趣的玩意兒以及他們儲藏的東西。這片土地上種著藤本植物、橄欖樹和大量果樹。道路兩側均有成群結隊的牛羊在平原上吃草，在主要的牧場和沼澤地附近則是一群群的馬。簡而言之，這些土地滿是形形色色家業興旺的、地位最為高貴的、願意用自己的財產換取人生之樂的迦太基地主。」

西元前五—前四世紀，迦太基人在非洲的勢力得到了更大的擴展。肥沃的薩赫勒地區（Sahel，包含今突尼斯蘇塞、莫納斯提爾及馬赫迪耶地區）、大瑟提斯（Syrtis Major，今利比亞西北部錫德拉灣地區）都被納入帝國版圖。這一切得益於帝國擁有強大的探險艦隊。

希羅多德在《歷史》中描述了一段關於迦太基人到達非洲後與諸部落進行商業活動的場景：

「他們一到那個地方就小心翼翼地從船上把貨物卸下來。在將貨物沿著海灘堆成一絲不亂的樣子後，他們就離開那裡回到自己的船上，然後點起火來，升起一股濃煙。當地人一看到煙就會來到海灘上，將他們認為與貨物價值相等的黃金放下，然後退到一定距離之外。迦太基人旋即來到海邊審視一番。如果他們認為黃金的數量足夠，他們就會拿走金子，駕船離去。但如果他們覺得金子的數量不足，他們就會再度回到船上，耐心等著。而後交易的另一方就靠近海灘，放下更多的金子，直到迦太基人滿意為止。雙方公平相待：迦太基人自己在黃金與他們的貨物價值相等之前是不會去碰它們的，而當地人在黃金被拿走之前也一定不會搬走那些貨物。」

隨著迦太基在諸多區域的影響力的加強、透過商業貿易的重要手段為帝國大廈的興建夯實了基礎，屬於迦太基的重要時代已經到來。當迦太基人，特別是西西里島的迦太基人在這座島上建立殖民地的時候，伴隨而來的是希臘人的同軌跡發展，而他們之間的角逐改變了兩者的命運。當然，不僅僅是因為西西里島的迦太基人的存在導致了與希臘人的衝突，希臘人抵達地中海中部和西部海岸的時候，他們的「入侵」方式明顯有別於迦太基人。

迦太基主要以商業活動的形式，希臘人主要以赫拉克勒斯式的思想載體作為擴張手段。如果一定要給出一個力量對比，後者明顯大於前者。希臘商人在進行商業活動的時候，隨身帶來了他們的天神，還有希臘神話中的偉大英雄。譬如，荷馬史詩中的奧德修斯、梅內來厄斯、狄俄墨得斯，這些英雄被描述成足跡遍布整個地中海西部地區的開拓者。邁爾斯在《迦太基必須毀滅》中說，在接下來的時間裡，他們為「希臘人對新殖民地提出的要求提供合法性和歷史依據」。這種力量非常強大也非常可怕，它為希臘人與殖民地的「土著統治階層建立聯繫」起到了日益關鍵的作用。許多殖民地的人們對希臘的英雄產生了強烈的認同感。更有甚者，大批義大利中部的伊特魯里亞人竟然選定「希臘英雄奧德修斯作為他們的締造者，並認為他是率領他們來到義大利的領袖」。[6] 不過，最厲害的希臘英雄當數傳說中的大力士赫拉克勒斯。

作為人間著名的流浪者，赫拉克勒斯闖蕩地中海西部，並以他的方式移風易俗重新教化了當地土著居民，清理了盜匪和怪物。從某種意義上來說，「赫拉克勒斯為希臘人不時以咄咄逼人的態度對待土著人的做法提供了一個先例」。[7]

其實，對待迦太基人，希臘人在這方面也絲毫不遜色。赫拉克勒斯的影響力經久

6 依據理查・邁爾斯《迦太基必須毀滅》和約翰・黑爾《海上霸主》中的相關論述。
7 依據理查・邁爾斯《迦太基必須毀滅》和約翰・黑爾《海上霸主》中的相關論述。

不衰，儘管他時而暴力，時而行俠仗義。這種經久不衰最有力的證據就是即便到了西元六世紀末，許多領袖人物都已經消失在人們的記憶裡，赫拉克勒斯卻依舊清晰，一些南義大利和西西里島的希臘定居點的人們依然宣稱自身的締造者是赫拉克勒斯，就連北非的迦太基人也接觸到與赫拉克勒斯有關的資料和紀念品。

赫拉克勒斯的影響範圍極大，地中海、北非都有他的痕跡。許多野心勃勃的冒險者、領袖都曾打著他的旗號進行擴張。譬如羅德島人的領袖彭塔塞盧斯就說自己是赫拉克勒斯的後代，這位領袖為了在莫提亞附近建立殖民地，顯然是借助了赫拉克勒斯的影響力。

不得不說，赫拉克勒斯式的入侵簡直太可怕了。對迦太基而言，也許失敗在這一時刻就註定了。

02
提里盧斯－格隆事件

西元前八世紀初，腓尼基人在西西里島建立了殖民地。其中最重要的殖民點有三個，它們分別是帕諾爾莫斯（Panormus，今巴勒莫）、索拉斯（Solus，今聖弗拉維婭）和莫提亞（Motya，今聖潘塔萊奧島）。腓尼基人在殖民點大搞建設，像莫提亞城，倉庫、工房、住宅和宗教建築相繼拔地而起。在這些當中最有名的當數卡比達祖（Cappidazzu）聖殿。

在西西里島做生意做得風生水起的腓尼基人，很快就遭受到了紛至遝來的希臘殖民者的窺伺。西西里島位於地中海貿易線的關鍵位置上，並且還擁有大量肥沃的沿海土地。這些都是吸引希臘人前來的最大動因。同腓尼基人友好地與西西里島當地人——西坎人（Sican）、艾利米亞人（Elymian）、西庫爾人（Sikeloi）——建立和諧的關係不同，希臘人則在殖民中經常使用暴力。這樣一來，當地人就與腓尼基人建立聯盟，以抵禦來自希臘人的入侵。因爭奪珍稀資源而導致的衝突時常發生，它也成為西西里殖民初期的特點之一。從很大程度上講，西西里島上的當地人、腓尼基人與希臘人之間由此而產生了仇恨。即便如此，他們依然會因共同的貿易利益時友時敵，這是一種以殖民式的「折中之道」為特點的、以商業文化為前提的融合。

不過，迦太基或許最關心的是在第勒尼安海（Tyrrhenian）[8]的商業貿易。腓尼基人這樣的決策並不意味著放棄了對之前殖民地的經營，他們還是在維持著這一地區的貿易，並修建了一些新的移民點。但是，希臘人的野心已經讓腓尼基人有了防備，不能讓這個可怕的競爭對手的觸角伸向西班牙的銀山。然而，腓尼基人的這一決策讓原先的貿易點出現了商業真空地帶，特別是位於愛琴海海岸地區小亞細亞的那部分正在被希臘人填補。此外，讓腓尼基人沒有想到的是，希臘人透過在小亞細亞的商業活動，設法在西班牙東北部的安普利亞斯（Empúries，今赫羅納省東北部布拉瓦海岸萊斯卡拉鎮附近）建立了一塊殖民地。

8　地中海的一處海灣，在義大利西海岸與科西嘉島、薩丁島和西西里島之間，通過墨西拿海峽與伊奧尼亞海連接，沿海港口主要有奇維塔韋基亞、波佐利、那不勒斯、薩萊諾和西西里島的巴勒莫。

事實的確如此，希臘人在後來控制了西西里東部與義大利南部的許多地區。在西元前六世紀，更多的希臘殖民者在地中海北部海岸的馬西利亞（Massilia，今法國馬賽）、昂蒂布（Antibes，舊譯安提比斯）、尼西亞（Nicaea，今法國尼斯）、科西嘉東部海岸和愛奧尼亞群島建立了一個又一個的新殖民地。

面對勢頭兇猛的希臘人的擴張，腓尼基人當然不會置之不理。譬如西元前五八〇年，來自尼多斯（Cnidus，今土耳其達特恰）和羅德島的希臘殖民者試圖在莫提亞城對面的大陸地區建立一個新的殖民地，腓尼基和艾利米亞的聯軍攜手作戰，驅逐了這批希臘殖民者。

希臘人一方面著手西西里島的殖民問題，另一方面也在地中海中部和西部進行殖民入侵活動，他們不時地襲擊迦太基帝國的商船。作為回應，迦太基帝國表現出了強硬的態度。以西元前五三五年為例，一支因當年波斯帝國入侵小亞細亞而流亡到科西嘉島阿拉利亞（Alalia，今阿萊里亞）的希臘人在此建立了一塊殖民地後，一直不甘寂寞，他們攻擊了迦太基帝國的商船隊。很快，迦太基帝國就派出一支由兩百艘三列槳戰艦組成的艦隊給予還擊。這次海戰雙方都損失慘重，但希臘人最終還是被擊退了。這次海戰也被稱為阿拉利亞海戰或薩丁島海戰，希羅多德在《歷史》一書中描述道：「勝利方得意揚揚地將戰俘運往伊特魯里亞，並在那裡用石頭砸死了他們。」

為了保護在地中海中部的商業利益，西元前五〇九年，迦太基帝國與這一地區的另一新興勢力羅馬簽訂了一份互惠互利的協議。當時，羅馬人一度（西元前五世紀）因嚴重缺少糧食，不得不從西西里島的迦太基防區裡購買——對迦太基而言，這正是簽訂協定的一大籌碼。

這份協議對迦太基帝國而言非常重要——可保護「遍布於地中海中部和西部地區的迦太基商業中心的安全（協議中有一條款規定羅馬人及其盟友的船隻禁止透過迦太基北部地方，即邦角半島）」。協議對羅馬人也很重要，除了解決糧食危機，更重要的在於它得到了迦太基帝國的重視。因此，雙方還將協議刻在一塊青銅書寫板上。根據古羅馬歷史學家波里比烏斯的描述，他找到了這塊青銅板，協議是在羅馬市政官財務部簽訂的，由於內容是用古拉丁文書寫的，他說太難理解（翻譯）了。不過，後來的學者們還是將這份協定的部分內容大致翻譯出來了——「任何不得不從這裡（指邦角半島，封住這個區域就等同於封住了進入大瑟提斯，即今天的突尼斯薩赫勒中心地帶以東地區的道路）經過的人，除了必要的船隻維修用品或獻祭用品以外，禁止強行購買或帶走任何東西，而且他必須於五天之內啟程離開。貿易者不得在沒有傳令官或城鎮辦事員在場的情況下達成任何交易，倘若在利比亞或薩丁島進行貿易，任何出售物品的價格在上述人員在場的情況下都應由國家向賣主擔保。任何一個來到迦太基西西里行省的羅馬人都應享有與他人同等的權利。」

作為條約另一方的迦太基，它也將履行條約規定：「迦太基不能去危害拉丁姆的沿海城市，主要包括拉維尼姆（Lavinium）、阿爾代亞（Ardea）、奇爾切伊（Circeii，今義大利奇爾切奧山腳）和泰拉奇納（Terracina），或任何其他隸屬於羅馬的拉丁城市。」

當時的羅馬力量薄弱，只是亞平寧半島眾多勢力中很不起眼的一股。但是，羅馬城具有重要的戰略地位。因此，有必要為上述羅馬人與迦太基帝國簽訂協定的內容做一補充：羅馬城的位置在台伯河河畔，且台伯河屬於內陸河（深入內陸二十公里），這樣得天獨厚的地理條件使得羅馬城成為拉丁姆北部的主要商業中心之一。羅馬城還產生了七個國王，西元前七五三年產生了第一個國王羅慕路斯（Romulus）。當時，羅馬人還嘗試了推行君主制。不過，君主的貪婪、專制和野蠻最終導致羅馬人尋求另一種政治體制。這就是我們熟知的元老院貴族議會，它既具備諮詢機構的特質，也對平衡君主的專制權力起到了重要作用。西元前五〇九年，羅馬公民拋棄了君主政體，取而代之以「執政官」。執政官成為這個共和國的領頭人，它從眾多貴族中選舉產生，時間定為一年一度。從此，羅馬從眾多的城邦中嶄露頭角，如一顆耀眼的新星，並最終在歷史車輪的推動下形成一個強大的、幾乎無可媲美的帝國。

§

迦太基人更多地插手薩丁島事務時，也對西西里島進行軍事干預。於是，迦太基威脅論就逐步產生了。其實，這或許是一個帝國發展到一定階段後必須經歷的。萬物皆有根源，超級商業帝國迦太基在之前有諸多優秀表現，現在卻插手他國事務，自然會引起敵對勢力的高度重視。

引發迦太基威脅論的導火索是與西西里島北部城市希梅拉的希臘獨裁者有關的「提里盧斯——格隆事件」。當時西西里島最強大的希臘城市錫拉庫薩統治者格隆聯合盟友對島上的其他希臘城市進行入侵。西元前四八三年，不甘待宰的希梅拉統治者提里盧斯（Terillus）向在迦太基擁有重要政治地位的馬戈尼德（Magonids）家族的領袖哈米爾卡（Hamilcar）求助。作為密友，哈米爾卡不可能對提里盧斯無家可歸（已被格隆趕出了希梅拉）袖手旁觀，加之馬戈尼德的母親是錫拉庫薩人，兩國頗有淵源。不過，更深層的原因是，西西里島西部的港口對迦太基人的商業活動大有裨益，因此，馬戈尼德家族同意採取軍事行動給予援助。值得注意的是，這次軍事援助不是國家行為，是馬戈尼德家族的私人行為。因此，馬戈尼德家族與希梅拉共同組建了一支來自敘利亞、西班牙、科西嘉等地區的雇傭軍團。另外，提里盧斯的女婿、亞平寧半島南部利基翁（Rhegium，今雷焦卡拉布里亞）的統治者、著名的希臘暴君阿納克西拉奧斯（Anaxilas）也實施了增援行動。

西元前四八〇年，一場戰爭開始，這也是迦太基帝國命運急轉而下的重要節點。哈米爾卡為了讓這次軍事行動具有雷霆萬鈞的效果，他率領軍隊悄然地直撲希梅拉。他希望能給格隆一個出其不意的打擊，最好能突然俘獲他，從而掌握戰爭的主動權。然而，這一計畫洩密了——一封寫有作戰計畫的給提里盧斯的密信被格隆截獲了。由於進軍倉促，哈米爾卡根本來不及做好戰鬥準備。雙方在希梅拉相遇，戰鬥隨即打響。戰鬥結果顯而易見，哈米爾卡一方全軍覆沒，他本人也被殺死。這個顯赫的家族由此遭受到慘痛的打擊。

希臘作家波利艾努斯（Polyaenus）在《戰爭中的詭計》一書中描述道：「格隆命令一名長相與他酷似的弓箭部隊指揮官假扮自己。這位指揮官帶領一隊打扮成祭司並將弓藏在桃金娘樹枝後面的弓箭手出列，而後自己前去獻祭。當哈米爾卡走出來做同樣的事時，弓箭手們取出弓箭將這位正在朝天神敬酒的迦太基將軍擊殺。」

希羅多德的講述則與波利艾努斯大相徑庭，他在《歷史》中寫道：「哈米爾卡在戰役爆發期間待在自己的軍營裡，在那裡，他把一具完整的動物屍體放在一大堆獻祭用的柴堆上焚燒，想借此謀求神靈的襄助。然而，儘管他收穫的是吉兆，手下的敗兵卻正從戰場上潰逃，該事實有力地表明這些神聖的預兆是騙人的。眼看著自己已輸得精光，哈米爾卡為神靈送上了一道新的祭品——自投於熊熊燃燒的火焰之中。」

無論哪一種版本，不容更改的事實是馬戈尼德家族在希梅拉所遭受的失敗，其後果是非常嚴重的。正如古希臘歷史學家狄奧多羅斯（Diodorus）在其著作《歷史叢書》中寫道：「在知悉這場慘敗後，迦太基人嚴密守衛著自己的城市，唯恐格隆如今會進攻該地。在這種杞人憂天般的預感下，他們迅速派出了最能幹的人作為使者奔赴西西里島。這些使節尋求格隆的王后達瑪瑞特（Damaretê）的幫助，在他們締結了一份令人滿意的和平協定後，使者們送給她一個用一百塔蘭特黃金打造的王冠，用以表達他們的感激之情。格隆本人接見迦太基使團的場景在日後被描述成這位錫拉庫薩獨裁君主的一場凱旋儀式：他的迦太基來客們淚眼婆娑地乞求前者對他們的城邦高抬貴手。」

狄奧多羅斯繼續描述：「這場勝利給格隆及其盟友帶來了豐厚的物質財富，不僅有大量戰利品可供分配，而且為數眾多的戰俘也可作為勞工用於一些規模宏大的建築工程。」學者阿舍里（Asheri）這樣描述這場戰爭失敗後的惡劣影響：「在阿克拉加斯城，一排排巨大的圓柱被用來支撐一座獻給奧林匹斯山上眾神神廟的柱頂過梁，圓柱上刻著被認為是迦太基奴隸的浮雕。」[9]

由此可見，「提里盧斯—格隆事件」給迦太基人的打擊是非常沉重的，不僅是物質上的，還有精神上的——「迦太基支付了兩千塔蘭特白銀作為戰爭賠款，還被迫建起兩座神廟，將和平協議的抄本保管在那裡。希梅拉如今被公認為錫拉庫薩聯盟的一部分」。

9　依據理查・邁爾斯《迦太基必須毀滅》中的論述。

至於廣大的希臘世界，他們對這場戰爭（他們稱作希梅拉大捷）的勝利大書特書，大肆宣揚，起到了影響深遠的作用，就像同年希臘人在薩拉米斯海戰中戰勝不可一世的波斯帝國艦隊一樣。錫拉庫薩為此還豎立了紀念碑，希望它能傳遍整個希臘。

在錫拉庫薩擁有重要政治地位的狄諾墨尼德斯（Deinomenids）家族利用這場戰爭的勝利，專門委託詩人品達（Pindar）為格隆以及格隆的繼任者塞隆寫下激情昂揚的詩篇：「我祈求，克洛諾斯（希臘神話中巨人之一）之子，讓腓尼基人和伊特魯里亞人的戰鬥吶喊聲消失在他們自己家裡。因為他們在庫邁之戰（錫拉庫薩海軍於西元前四七四年擊敗了伊特魯里亞艦隊）前，就看到了傲慢給他們的船隻帶來的災難。他們在被錫拉庫薩的君主征服之後遭遇了這樣的命運：錫拉庫薩君主將他們的年輕人從他們輕捷如飛的船上拋進大海，讓希臘人擺脫了奴隸制的桎梏。」[10]

亞里斯多德對錫拉庫薩君主的這種行為做出了評論，他在《政治學》中認為：「他們很可能仍在宣揚迦太基就是地中海西部的波斯王國……」言下之意，錫拉庫

10 關於品達的詩篇，相關史料可參閱《迦太基和希臘人，西元前 580—前 480 年：文本和歷史》（*Carthage Et Les Grecs, C. 580 - 480 Av. J. -C : Textes Et Histoire*）中的描述。

薩把這場戰爭的失敗者等同於波斯帝國，反過來，錫拉庫薩打敗了如此強大的海洋帝國——這難道不是一種莫大的反諷？

錫拉庫薩君主的確一度強大而不可一世。其擴張、獨裁之心一度膨脹。事實上，在這場戰爭過去數十年後，雅典人試圖以中間人的身分促成一個與迦太基的同盟以對抗錫拉庫薩。

§

「提里盧斯—格隆事件」的影響力是可怕的，整整七十年，迦太基都未敢再干涉西西里島的事務。直到西元前四一〇年，錫拉庫薩的力量迅速衰落，西西里島再度陷入各自稱雄的混亂局面。這時的迦太基對外政策突然大變，決定向塞傑斯塔（Segesta）提供幫助。當時，希臘的一個城邦塞利農特（Selinunte）與塞傑斯塔發生衝突。值得注意的是：這種轉變不僅是因為對方力量嚴重削弱，還出於一種擔憂——錫拉庫薩與塞利農特結盟，極有可能再度對迦太基形成威脅。

西元前四七八年格隆去世，錫拉庫薩的後繼者們無法擁有像格隆那樣的領袖氣質，也不具備他的冷酷無情——格隆在世的時候執政嚴正，並對臣民肆意推行流放制度。格隆去世後，憤怒、壓抑已久的人們更願意讓這個獨裁的國家成為民主國家。中央集權的嚴重削弱和後繼統治者的無能，是錫拉庫薩衰退的重要原因。然而，就是這樣一個力量迅速衰落的政權竟然在西元前四一〇年擊敗了入侵的雅典人，重新成為西西里島上最主要的勢力。錫拉庫薩的東山再起，應該是利用了西西里島內部的爭鬥。

迦太基為什麼會如此害怕錫拉庫薩與塞利農特結盟呢？本來塞利農特與迦太基沒有什麼瓜葛，而塞利農特也不是迦太基商業活動的主要對象。但是，塞傑斯塔和塞利農特位於西西里島的西部，與腓尼基城市莫提亞、索拉斯和帕諾爾莫斯相鄰。儘管這三座城市在政治上獨立於迦太基，但它們因特殊的地理位置而產生了重要的戰略價值——這些城市坐落在北非的大都市同義大利和希臘的貿易航線的關鍵位置上。

根據狄奧多羅斯的觀點，由於迦太基帝國在地中海的經濟霸權是建立在掌控商業貿易的基礎上的，這意味著帝國獲利的來源除了親自參與貿易活動，還有那些願意接受帝國提供的商業保護的外國商人繳納的稅賦。針對大有重新崛起之勢的錫拉庫薩，迦太基人不可能感覺不到潛在的危機。另外，之前遭受重大挫折的迦太基馬戈尼德家族出於私心，也試圖透過介入塞利農特與塞傑斯塔爭端事務重振家族聲望。這一觀點絕對不是臆測而來，因為這時馬戈尼德家族的領袖正是在希梅拉身亡的哈米爾卡的孫子漢尼拔・馬戈（Hannibal Mago），他正是透過元老院內部的支持提出了「援助塞傑斯塔」的議案。西元前四一〇年，迦太基透過這項議案，並任命漢尼拔・馬戈為遠征軍指揮官。

畢竟錫拉庫薩與塞利農特是盟友，出於周全考慮，迦太基派出外交使團前往錫拉庫薩，希望對方能出面調停。但是，塞利農特表現得特別強硬，拒絕任何調停。錫拉庫薩當即決定與迦太基保持和平相處，重新修訂了與塞利農特的盟約——錫拉庫薩對這次爭端保持中立。

一支由五千名利比亞人、八百名坎帕尼亞人組成的雇傭軍隨即出發前往塞傑斯塔。在這支軍隊的支援下，塞傑斯塔很快就擊敗了一支塞利農特軍隊。這時候，富有戲劇性的一幕出現了——塞利農特立刻向盟友錫拉庫薩求援，塞傑斯塔也希望迦太基能繼續給予援助。於是，兩個城邦之間的衝突演變為兩大強權的戰爭。

漢尼拔在隨後的一系列軍事行動中大獲全勝，包括在希梅拉城，他為祖父找回了榮耀。不過，對於這一時期迦太基軍事行動的勝利，希臘歷史學家們更多的是採用了希臘籍西西里歷史學家提麥奧斯（Timaeus）帶有仇視性的記載，包括著名的希臘歷史學家狄奧多羅斯，他也認為迦太基的軍隊在攻破城市後進行了大屠殺，據說在塞利農特被破城後，迦太基軍隊開始屠城，殺死了所有的人，包括婦女、老人和兒童。依據狄奧多羅斯《歷史叢書》的描述，這座城市的街道被「一萬六千具屍體堵得水泄不通，許多建築被燒成一片白地」。

關於希梅拉城的記載，狄奧多羅斯《歷史叢書》中的描述讓人恐懼不已：「希梅拉被夷為平地，城內著名的神廟遭到劫掠。漢尼拔可能將三千名戰俘驅趕到一起，在那個據說是哈米爾卡戰死的地方屠殺了他們，用這種血腥方式祭奠了他的祖父。」

迦太基插手西西里事務，因漢尼拔・馬戈一系列成功的軍事行動而產生了貨幣上的變革。迦太基人發現使用雇傭軍後，軍隊戰鬥力大大提升，但是必須要支付一大筆費用給雇傭軍才行。而且，雇傭軍大都願意接受具有高價值的希臘特色的貨幣。因此，迦太基以馬和棕櫚樹為裝飾圖案重新鑄造了貨幣。由於這支雇傭軍主要招募於非洲，因此貨幣透過迦太基的艦隊航運而來，就連補給也是。這也表明，迦太基當時在西西里島缺乏永久性的據點。可能這也是軍事介入後無法解決的問題，畢竟雇傭軍不可能永久駐紮在那裡，就算永久駐紮，當據點越來越多，如何支付高昂的費用呢？

事實上，迦太基的軍事行動不但沒有讓西西里島的局勢平穩下來，反而更加動盪了。錫拉庫薩的叛將赫莫克拉提斯（Hermocrates）毫不畏懼地攻擊了西西里島西南部的迦太基城市，迦太基不想讓軍隊疲於奔命，只能尋求與他國結盟，獲取外部力量的支持。根據在雅典發現的一段不完整的銘文記載，迦太基與雅典成功結盟。但雅典人忙於同斯巴達的長年累月的戰爭，根本無法顧及盟友迦太基，因此，也不會給予什麼實質性的幫助。

無奈之下，迦太基只能採取招募更多的雇傭軍的方法。依據狄奧多羅斯的記載，這一次與漢尼拔．馬戈一同前往的還有一個名叫希米爾卡（Himilcar）的年輕同僚。然而，戰局從一開始就不順利，艦隊遭到了錫拉庫薩人的襲擊，損失了不少船，剩餘船隻不得不逃入遠海。當部隊成功登陸西西里島，準備圍攻極為富有的城市阿克拉加斯的時候，突然爆發了一場可怕的瘟疫，包括漢尼拔．馬戈在內的許多人染病喪命。不過，這樣的描述是令人懷疑的，狄奧多羅斯利用的是提麥奧斯的記載。提麥奧斯說，漢尼拔的同僚希米爾卡將軍為了戰爭勝利做了兩件極不光彩的事：首先他為了平息天神之怒，將一名男孩獻祭給巴力哈蒙（Baal Hammon）；其次，迦太基人在吃了敗仗後居然成功挽回了局面，迫使阿克拉加斯城中的百姓全部撤離該城，贏得了戰爭勝利。

上述兩位歷史學家的描述與在迦太基城用孩童祭祀火神之地發現的殘缺不全的銘文有很大出入。根據現代學者的翻譯，迦太基軍隊與西西里島的許多城市建立了和平關係：「在漢尼拔之子艾斯穆納莫斯（Ešmunamos）和漢諾（Hanno）之子，博達斯塔（Bodaštart）的兒子漢諾當政之年，（某）月新月升起之時，傑斯孔（Gescon）之子漢尼拔將軍和漢諾之子希米爾科（Himilco）將軍前往哈拉利薩（Halaisa，西西里島北部海岸上的古城），他們占領了阿格拉岡特（即阿克拉加斯），與納克索斯（Naxos）族人建立了和平關係。」[11]

---

11 依據理查・邁爾斯《迦太基必須毀滅》中的轉述。

無論真相如何，最終是迦太基取得了勝利，錫拉庫薩人不得不接受了和平協定。迦太基獲得了自己想要的，他們在西西里島西部和中部大部分地區的統治權得到了承認，這些城市每年向迦太基繳納一次貢賦。

03
殘忍毀滅

成功插手西西里島事務的迦太基，接下來的目標就是要控制島上的諸多港口。其間，這個帝國的領土遭受到錫拉庫薩人的突襲。他們抓住迦太基人正遭受瘟疫，一些腓尼基城市損失慘重的時機，利用種族情緒，開始大量清洗迦太基人。在莫提亞城，錫拉庫薩人進行了殘酷的屠殺。狄奧多羅斯在《歷史叢書》中描述說：「對腓尼基人來說，最可怕也最令他們陷入絕望的是，他們想起了自己是怎樣殘忍對待希臘戰俘的，他們預感到自己將要遭到同樣的命運。」他繼續描述道，「為莫提亞人而戰的希臘人則被釘死在十字架上……莫提亞城被夷為平地，再也沒有得到重建。」

與錫拉庫薩的戰爭使得迦太基帝國再也無法從西西里的諸多事務中脫身。島上的眾多希臘城邦也組建了一個龐大的反迦太基同盟。由「提里盧斯—格隆事件」導致的一系列併發症無法以和平的方式得到解決，而更為強大的對手——亞歷山大大帝的出現同樣讓迦太基感到不安。皮洛士

（Pyrrhus）在被一個老婦人從屋頂擲下的一塊磚石砸得不省人事而被敵人俘虜後，遭到了斬首。他死後，羅馬人立即征服了大希臘地區。之前，迦太基曾與羅馬簽訂了盟約。當皮洛士這個共同的威脅被消除後，也意味著羅馬與迦太基的同盟開始分崩離析了。短暫的和平只是戰事的中場休息，羅馬人與迦太基人之間的戰爭終是不可避免的。

關於戰爭的根本原因，著名歷史學家卡修斯．狄奧在《羅馬史》中的描述是非常深刻的：「實際上，強盛已久的迦太基人和如今崛起得越來越快的羅馬人，彼此間一直都在互相防備。他們之間之所以爆發戰爭，部分原因在於人心不足蛇吞象的心理——這與大多數人類的本能倒是相一致，當他們處於事業頂峰時，這種心態最為活躍——亦有部分恐懼心理在起作用。雙方均認為，要保住自己的東西，可靠的手段就是占有他人之所有。這兩個不受約束的民族強大而自負，而相互間的距離僅一步之遙，可謂是近在咫尺。倘若再無其他因素的話，對於它們而言，既要取得對眾異族的統治權，又要在毫無異議的情況下維持彼此間的互不干涉局面，是一件難於登天的事，如果不是不可能的話。」

美國學者亞瑟．埃克斯坦（Arthur Eckstein）的觀點也頗具說服力：「無論是羅馬一方，還是迦太基一方，最初均未向對方發起進攻，但各自的戰略目標——義大利擴張與保衛西西里——已預示著和平局面將難以為繼。」[12]

第一次布匿戰爭進入倒計時。在戰爭之前、初期、發展進行中，羅馬人打造了擁有祕密武器「烏鴉」的艦隊，並以對海洋大無畏的精神在海戰中取得了輝煌的成績。特別是在米列海戰中取得的勝利，極大地鼓舞了羅馬人掌控海洋的決心。

§

在與羅馬人的對決中，迦太基人頻頻失利，雖然出現了像漢尼拔·巴卡這樣的天才人物，其間也打了不少戰果不錯的戰役，但是，僅憑一己之力是無法力挽狂瀾的。更為嚴峻的是，為了第二次和第三次布匿戰爭，帝國所有的資源都投入到裡面去了。當然，羅馬人的日子也不好過。西元前二一七年，因貨幣接連貶值，羅馬不得不發行了一套作為應急的貨幣。

12 參閱埃克斯坦的著作《元老院和將軍：個人決策和羅馬對外關係》（*Senate and General: Individual Decision -Making and Roman Foreign Relations*），西元前二六四—西元前一九四年。

隨著戰爭的不斷深入，特別是漢尼拔在面對俗稱「大西庇阿」的普布利烏斯・科爾內利烏斯・西庇阿（Publius Cornelius Scipio）在西班牙大獲全勝後的戰局時，他的壓力更大了。大西庇阿認為，「只要讓迦太基人在自己的祖國被擊敗，就會徹底完蛋」。為此，他主張遠征北非。[13]

漢尼拔的弟弟馬戈・巴卡（Mago Barca）在西班牙戰場失敗後，於西元前二一五年春率領一萬兩千名步兵和兩百名騎兵在利古里亞（Liguria）登陸。同年夏天，他得到了迦太基方面及高盧人和利古里亞人的進一步增援。於是，他準備南下作戰。然而，羅馬人將「亞平寧山脈的兩端完全堵死了，這意味著在未來的兩年間，馬戈和他的軍隊將被困在義大利北部動彈不得」。[14]

漢尼拔也一樣，「除了在布魯提烏姆（Bruttium，今義大利卡拉布里亞）的包圍圈裡乾等外，什麼也做不了，因為他發現無論是在海上，還是在陸地上，針對自己的封鎖線都收得越來越緊了。西元前二〇五年夏，八十艘駛向布魯提烏姆的迦太基

13 依據理查・邁爾斯《迦太基必須毀滅》中的論述。
14 依據理查・邁爾斯《迦太基必須毀滅》和波利比烏斯《通史》等史料中的論述。

運輸艦被俘，而他也無法指望從馬其頓這個盟友那裡得到任何幫助了」。[15]

北非的迦太基——被大西庇阿稱為迦太基人「自己的祖國」的地方，那裡沒有一支真正意義上的常備軍。此時，漢尼拔正在布魯提烏姆忍受著無所作為的痛苦煎熬。根據羅馬歷史學家提圖斯．李維（Titus Livius）在《羅馬自建城以來的歷史》中的描述：「西庇阿動員起來的三萬五千名用於入侵作戰的士兵是一支強大的力量。這支部隊的核心為由身經百戰的老兵組成的兩個軍團，那些人本是坎尼之戰的逃兵，作為懲罰，他們遭到放逐，此時已在西西里經歷了十年戰火的磨煉……西元前二〇四年春，這支遠征軍離開利利貝烏姆（Lilybaeum，今義大利西西里島馬爾薩拉），乘坐一支由二十艘護衛軍艦與四百艘運輸艦組成的艦隊，渡海前往北非。」

大西庇阿在進軍北非的途中重創了迦太基騎兵，致使迦太基損失了五萬名步兵和一萬三千名騎兵。西元前二〇三年，大西庇阿在烏提卡（Utica）以南的大平原上再次重創迦太基軍隊。迦太基元老院似乎不對戰事抱有什麼勝利的希望了，決定將漢

15 依據理查．邁爾斯《迦太基必須毀滅》和波利比烏斯《通史》等史料中的論述。

尼拔從義大利召回。在等待漢尼拔回來的時候，元老院派出了由三十人組成的使團前往圖內斯（Tunes，今突尼斯市）與大西庇阿談判。

依據李維在《羅馬自建城以來的歷史》中的描述，大西庇阿提出了一系列的談判條件：「迦太基人要交出所有的戰俘、逃兵和流亡者；命令軍隊離開義大利、高盧和西班牙，並從義大利和非洲之間的島嶼完全撤離；交出除二十艘戰艦外的全部海軍船隻；向羅馬軍隊提供大量小麥和大麥；最後，他們必須支付五千塔蘭特白銀的賠款。」

這些條件無疑是苛刻的，但迦太基元老院接受了。一個最重要的原因是，迦太基採用緩兵之計，為漢尼拔和馬戈爭取更多的時間返回北非。

西元前二〇三年夏末，談判代表團來到羅馬，與羅馬元老院締結條約。按照緩兵之計的策略，迦太基使團將戰爭的責任全部推卸在漢尼拔身上。李維在《羅馬自建城以來的歷史》中描述道：「他（漢尼拔）在渡過西貝盧斯（Hiberus）河的時候，根本沒有得到元老院的命令，更不用說翻越阿爾卑斯山的行動了。不僅對羅馬開戰是他自作主張，連薩貢托（Saguntum）的事也是如此。不管是誰，只要稍加考慮就會意識到，羅馬與迦太基之間的協議直到那一天都仍未被破壞。」波里比阿對這次談判事件也有相應描述，他認為「羅馬的元老們不是傻瓜，他們對迦太基人那昭然若揭的詭計嗤之以鼻。然而，令人難以置信的是，或許是出於對漢尼拔和已取得空前戰功的大西庇阿的猜疑，羅馬元老院勉強批准了這份新協議，附帶條件是條約只有在馬戈和漢尼拔的軍隊完全撤離義大利時才會生效」。[16]

這道殘酷的撤軍命令讓漢尼拔痛苦萬分。

李維在《羅馬自建城以來的歷史》中描述了漢尼拔當時的情形：「據說當他聽到使者的話時，咬著牙，呻吟著，差點掉下淚來。當他們傳達了指令後，他大叫起來：『這些人之前試圖用中斷人力和軍費供應的辦法來把我硬拉回去，如今他們不再用這種下三濫的手段了，而是毫不掩飾地公然將我召回。所以你們看到了，不是那些經常被打得落花流水、一敗塗地的羅馬人戰勝了漢尼拔，而是迦太基元老院用他們的誹謗和妒忌打敗了他。西庇阿會為我恥辱地踏上歸途感到自豪不已、欣喜若狂，就和毀掉了我的容身之所的漢諾一樣，但打敗我的也不是西庇阿，因為他要想做到

16 依據理查・邁爾斯《迦太基必須毀滅》中的轉述。

這一點，只有把迦太基化為廢墟。』」

漢尼拔的痛苦反映了這個強大的海洋帝國在走向末路之際的無奈與落寞。他最終還是接受了回師的命令，他的弟弟馬戈·巴卡卻再也回不來了——部隊在利古里亞登船後，當艦隊行駛到薩丁島的時候，馬戈因戰傷去世了。很快，這支艦隊也遭受了厄運。

漢尼拔帶著一萬兩千到兩萬名的老兵在北非登陸，同時，他解散了一些部隊，留下一部分軍隊戍守他的幾座城市。這一跡象表明，漢尼拔對迦太基元老院不是完全信任，他回師的路線並非直接前往迦太基，而是在迦太基城以南約一百二十公里的哈德魯米圖姆（Hadrumetum，遺址屬於今突尼斯蘇塞地區）港駐紮下來。

正在這個時間段，即西元前二〇二年春發生了一起將帝國更進一步推向困境的外交事件。這起事件按照波里比阿的描述，我們可以輕易看出羅馬人有誇大之嫌，目的是想找到一個合理的理由再度開戰。李維在《羅馬自建城以來的歷史》中也有這樣的描述：「西元前二〇二年春時，迦太基與羅馬簽訂的脆弱協議已被撕毀。當迦太基人洗劫並徵用了幾艘被風暴吹到海岸上的羅馬供應艦時，奉命前來要求賠償的羅馬使團遭到了冷遇。迦太基元老院無疑因漢尼拔和他的軍隊在該城附近出現而受到鼓舞。此外，使者們差點被一群暴民處以私刑，只是由於反巴卡派的領袖哈斯德魯巴．海多斯（Hasdrubal Haedus）和漢諾的及時干預，他們才倖免於難。即便如此，更為激進的元老院成員隨後仍試圖伏擊這些人，到使團的船隻成功逃脫時，已有數人遭殺害。」

在埃及，考古學者發現了一份西元前一三〇年左右的莎草紙殘卷——有學者認為這是羅馬歷史學家費邊．皮克托（Fabius Pictor）的著作摘錄中的一部分內容。然而，殘卷的內容中並未提及搶劫羅馬人的貨船及伏擊之事。有學者認為，這是波里比烏斯或其他親羅馬作家捏造出來的。美國學者埃克斯坦的解釋可能最為中肯，他認為「波里比烏斯的記載從大體上看——儘管它可能竭力從正面角度美化西庇阿——或許是可信的」。也就是說，從這誇大之詞中窺測出了羅馬人想以此為藉口繼續發動滅亡迦太基的戰爭。

鑒於這起外交事件的「嚴重性」，大西庇阿當即決定採取軍事行動。為了迫使老對手漢尼拔正面迎戰，他使出了「下三爛」的手段。在聯合努米底亞國王馬西尼薩（Masinissa）的軍隊後，他率先進攻迦太基人口稠密、土地肥沃的邁傑爾達（Medjerda）河口地區的一些城鎮，殘忍地將它們夷為平地，並將那裡的人們賣為奴隸。

這一伎倆奏效了！迦太基元老院的元老們憤怒不已。李維在《羅馬自建城以來的歷史》中描述說，「迦太基元老院派出代表懇求漢尼拔儘快進攻大西庇阿」。漢尼拔決定向西北方向進軍，目的是阻止馬西尼薩的軍隊與大西庇阿的軍隊會合。西元前二〇二年十月，漢尼拔的軍隊以令人驚歎的速度追上了羅馬軍隊。狂傲的大西庇阿根本不把漢尼拔放在眼裡，他竟然毫無顧忌地邀請迦太基士兵來參觀自己的陣地。但是，大西庇阿真的太狡詐了，在迦太基士兵觀看完陣地離去後，他趕緊將營地搬移他處。

漢尼拔要求與大西庇阿見面，他的手下建議進行談判——想要在戰場上擊敗大西庇阿幾乎不可能。大西庇阿認為自己勝券在握，拒絕談判。

第二天，一場慘烈的廝殺開始了。

漢尼拔使用了八十頭大象衝破敵軍陣營，趁著敵軍混亂，迦太基騎兵部隊迅速奮力廝殺，戰果顯著。步兵方面，雙方勢均力敵。殘酷的廝殺不斷上演，雙方死傷慘重，漢尼拔麾下許多著名的將軍戰死。札馬（Zama）會戰耗盡了迦太基的精銳部隊，對這個國家而言可謂是致命的一戰，漢尼拔想要東山再起已經不可能了。他建議迦太基即刻向羅馬提出求和，並簽訂和約。

羅馬人的條件非常苛刻。其中，戰爭賠償的數額已經高達一萬塔蘭特白銀，相當於二十六萬公斤白銀，分五十年付清。另外，迦太基必須交出全部戰象，艦隊規模也削減到只有十艘戰艦。

§

戰後的迦太基出現了經濟復甦期——雄厚的農業基礎與商業資本為經濟的復甦提供了強大的動力。根據李維的記載，雖然戰爭賠款如此高昂，但迦太基人在戰爭結束後的十年裡就能全部支付清。這主要得力於北非，迦太基的農業基礎沒有遭到破壞。邁爾斯在《迦太基必須毀滅》中寫道：「戰後僅一年，迦太基人就能夠向羅馬和在馬其頓的羅馬軍隊供應四十萬蒲式耳（又稱英斗，為單位）穀物。緊接著，在西元前一九一年，他們送給羅馬人一份禮物：向與安條克交戰的羅馬軍隊提供了五十萬蒲式耳小麥和五十萬蒲式耳大麥。二十年後，他們又向在馬其頓作戰的羅馬軍隊送去一百萬蒲式耳穀物和五十萬蒲式耳大麥。」這表明迦太基在養活自己的同時，還有能力應對戰爭賠償。

雄厚的商業資本讓迦太基人決定悄悄地建設新的綜合港。李維在《羅馬自建城以來的歷史》中對綜合港描述道：「兩個海港是彼此相通的，共用的海上入口有二十一公尺寬，可以用鐵鍊加以封閉。第一個海港供商船停靠之用，那裡堆積著各式各樣的船用滑車。第二個（圓形）海港環繞著一座島嶼，一個個巨大的碼頭坐落於海港與島嶼周圍的間隔之中。堤岸上到處都是船塢，足以容納兩百二十艘船。除此之外，船塢內還存有滑車和船用設備。每個碼頭的前段都屹立著兩根愛奧尼亞式圓柱，看上去就像是一整列位於海港和島嶼之上的柱廊。島上建有海軍將領的官邸，號兵在這裡發出信號，傳令官在這裡發布指令，海軍將領本人也從這裡俯瞰一切。這座島嶼位於港口的入口附近，海拔相當高，如此海軍將領就可以觀測到海面上所發生的事，而那些從海路接近的人卻無法看清港口內部的情況。甚至就連那些正在進港的商人也無法一下就看到裡面的船塢，因為有一堵雙層牆把它們圍了起來，此外還有一些大門可以讓那些從第一個港口進入城市的商船透過，從而不用經過裡面的船塢。」

綜合港的建成和投入使用為迦太基人創造了豐富的財富。當然，羅馬人不可能不知道綜合港的存在。沒有加以干涉的原因在於，羅馬元老院一度認為迦太基不會對帝國形成軍事上的嚴重威脅。但是，這並不意味著羅馬放棄了對迦太基的敵視。

最大的敵視來自努米底亞國王馬西尼薩。大概是出於對迦太基人取得的新成就感到嫉妒吧，當這個沾了羅馬帝國福祉的盟國看到迦太基人為羅馬提供了大量財物，他自然也希望能從迦太基那裡得到更多。從盟國之間的那份「情誼」角度考慮，他認為羅馬人對努米底亞介入北非的農業和商業市場，並搶占更大的份額不會有什麼意見。

努米底亞的這一行為導致了迦太基人的反感，某些情況下，雙方還產生過衝突。兩國各自派出使者向羅馬元老院提出控訴。羅馬人寧願相信努米底亞人，也不相信迦太基人。

西元前一七〇年，努米底亞派出的使團中一個叫古魯薩（Gulussa）的人向羅馬元老院提出告誡。

李維在《羅馬自建城以來的歷史》中較為完整地記載了古魯薩的話：「要當心那些不忠誠的迦太基人……他們（迦太基人）已經採納了一個籌建一支龐大艦隊的計畫，這個計畫表面上是幫助羅馬人與馬其頓人作戰的。一旦這支艦隊籌建、裝備完畢，那迦太基人便可自行決定與之結盟或敵對的對象了。」

古魯薩的這一告誡對迦太基來說是致命的。迦太基能成為一個超級商業帝國，怎麼可能缺乏最根本的商業信譽呢？事實上，羅馬人也表現得更加相信迦太基人無誠信了。一個最根本的原因在於，迦太基人在商業領域以驚人的速度崛起是他們望塵莫及的。

為了將迦太基人塑造成負面形象，一部名叫《布匿人》（Poenulus）的作品值得一說。這是翁布里亞劇作家普勞圖斯（Plautus，西元前二五四－前一八四年，古羅馬最重要的喜劇作家，主要作品有《孿生兄弟》、《一壇黃金》、《撒謊者》等。關於他的記載不多，一種說法，他是義大利民間最早的喜劇阿特拉笑劇裡的一名演員，大概是因這樣的身分，他創作的劇本很受歡迎。普勞圖斯特別擅長運用暗示和隱喻的表現手法。文藝復興時期，歐洲各國的許多戲劇家都學習和模仿他的作品風格）根據一部希臘劇《迦太基人》改編的，主要講述了迦太基商人漢諾前往希臘尋找和營救他被賣為性奴的女兒的故事。

作為一部喜劇，《布匿人》中的四個主要人物全是迦太基人，這不得不讓人聯想到普勞圖斯有意將這部作品與政治掛鉤。作品中帶有侮辱性的小標題，譬如「小迦太基人」實在令人不忍直視。不過，更刺眼的是露骨的，以及不時暗示漢諾有亂倫行為的敘述與描寫：「每到一座城市，他就立刻著手追查當地每一個妓女的出身；他掏腰包將她們一個個請來過夜，而後問她來自何方，是哪國人，是在戰爭中被俘的還是被綁架來的，她的家人和雙親是誰。他以如此精明、巧妙的手段尋找著自己的女兒。他還通曉世界上所有的語言，但他懂得隱瞞自己的本事。典型的迦太基人就是這樣的！還有什麼好說的。」「這是在調情嗎？同時和兩個女人調情？這個穿著件和酒館男一樣的長袍的傢伙是誰？咦？我沒看錯吧？那是我的姑娘安特拉絲蒂絲嗎？是的！我敢肯定！很久以來我一直覺得她瞧不起我！這個下賤娘兒們當街和一個腳夫眉來眼去的，不害臊嗎？天神在上，我現在就要讓這個傢伙被劊子手從頭到腳拷打一頓！他們不過是有一套討女人喜歡的行頭罷了，就是這些擺來擺去的長袍。但我肯定會把這個非洲婊子痛罵一頓。喂，你！我說的是你，娘兒們！你一點羞恥心都沒有嗎？還有你！你和那婊子搞些什麼勾當？回答我！」「你這條乾癟的沙丁魚，半開化的野蠻人，你是剛扒下來的生皮，是架鹽挑子，是坨被搗爛的橄欖泥，是比羅馬划槳手的長凳還臭的大蒜和洋蔥！」

雖然《布匿人》是普勞圖斯的喜劇作品，該劇也在希臘城市卡呂冬（Calydon）上演，但如此帶有偏見、侮辱性的針對漢諾的描寫，其初衷絕不是為了讓觀眾發笑那麼簡單。學者喬治·弗蘭科（George Franko）認為，「《布匿人》迎合了羅馬公眾對迦太基人的偏見，還著重強調了羅馬式價值觀和體制的優越性」。這與赫拉克勒斯式的入侵何其相似？同樣，那句馬庫斯·波爾基烏斯·加圖（又可稱老加圖）所說的「至理名言」——「迦太基必須毀滅」也將這個超級商業帝國帶入了萬劫不復的深淵。

由上所述，我們會發現羅馬人的榮耀和恐懼都出在其中了——羅馬人擊敗了一個海洋帝國；羅馬人害怕遭受沉重打擊的迦太基幡然醒悟。看來，馬庫斯·波爾基烏斯·加圖在元老院的演講結尾所說「迦太基不僅在恢復之前的實力，更已從之前的失誤中汲取教訓並加以糾正」也的確表明了羅馬人的此種心跡。值得一提的是，這位演說家、執政官、八十一歲的垂暮老人不但以強硬、毒辣的政治立場和手段劍指迦太基，也讓自己的女婿西庇阿下野。

因此，在西元前一五〇年代的最後幾年間，迦太基人越來越清楚自己的帝國就要毀滅了。

§

我們不禁要問：如果迦太基人這時醒悟還來得及嗎？個中的原因已經在前文諸多地方述及了。不過，它們更多地指向希臘-羅馬層面。

對迦太基帝國而言，在第一次布匿戰爭中它就犯下了嚴重錯誤。應該說，第一次布匿戰爭標誌著羅馬艦隊的誕生，第二次布匿戰爭是第一次布匿戰爭的自然結果。第三次布匿戰爭基本上是羅馬以強凌弱的侵略戰爭，羅馬主動進攻，長期圍困迦太基城，迦太基人在軍事上基本無力對抗。

自迦太基與羅馬之間的戰事失利以來，這個帝國面臨的周遭的壓力也越來越大。一方面「北非內陸的努米底亞統治者不斷施壓」。努米底亞對迦太基帝國的繁榮充滿了敵視，很大程度上講，努米底亞也是滅亡迦太基的幫兇，雖然後期迦太基以聯姻的方式與之保持親密的關係，但是，一旦涉及一些根本利益，努米底亞不會做絲毫讓步，甚至在迦太基帝國最關鍵的時期起到狠狠的「助推」作用，讓這個風雨飄搖的海上帝國雪上加霜。

另一方面「以薩丁島人為主的雇傭軍發生了嚴重暴動」。當時，「雇傭軍殺死了迦太基的指揮官以及薩丁島上的迦太基人，在新的軍隊被派往薩丁島鎮壓叛亂後，這些軍隊竟然也加入了暴動的隊伍」。這絕對是非常恐怖的，這時的迦太基人應該意識到使用雇傭兵的弊端了：這些雇傭兵不可能像國人那樣忠於帝國。然而，這一點他們似乎做得很差——對迦太基人而言，他們更願意享受安穩、富裕的生活，商業活動對他們來說才是最理想的。擁有數不盡的財富就能雇請雇傭軍，為什麼自己還要冒著生命危險上戰場呢？

因此，一個超級商業帝國除了在經濟上擁有控制海洋貿易的能力，還應該有強硬的軍事力量作為保障。或許，這是迦太基人在這方面意識上的不完整性所致。既然有能力製造出如此先進的艦船，擁有區域廣闊的貿易線和港口，就應該明白「如何護衛它們也是一件非常重要的事情」啊！讓人鬱悶的是，原想透過軍事手段恢復薩丁島部分地區統治的迦太基人，沒有想到在面對強硬的羅馬人時，最後竟然以所謂和平條約的形式屈服了：西元前二三八年，迦太基向羅馬人繳納了一千兩百塔蘭特白銀，而且放棄了薩丁島。這種態度的急轉，讓本來就不會十分忠誠的雇傭軍做何感想？當迦太基鎮壓了暴動的雇傭軍後，他們又驅逐了這些雇傭軍。這些雇傭軍來到伊特魯里亞向羅馬尋求幫助，羅馬元老院也願意幫助他們。這時候，迦太基人要做的應該是妥善處理好雇傭軍事件。然而，迦太基人卻祕密抓捕了五百名曾祕密資助叛亂者的羅馬商人。於是，這次事件惡化並升級了——由原先的內部事件惡化並升級到國際事件。這正好給羅馬奪取薩丁島一個最直接的理由，也符合羅馬人「按照控制海洋的原則來制定他們的地中海戰略」。於是，羅馬人在地中海的兩座最大島嶼上迅速建立了自己的統治——他們僅靠武力威懾就獲得了薩丁島。這一系列的行動表明：羅馬人深諳薩丁島戰略位置的重要性，他們堅信「擁有它就能夠保證對整片第勒尼安海海域的控制。他們渴望得到的不是整座島嶼，而是其海岸線，要保證其海港不受海盜以及迦太基戰艦的威脅，這些海港可以為羅馬人的艦隊提供補給」。

接下來，讓迦太基人步步走向失敗的是羅馬人對西西里島的控制與運營。從戰略上來講，羅馬人控制這兩大地區就是要迫使迦太基人的注意力轉向西部。從當時的戰略效果來看，羅馬人已較為成功地實施了這一戰略目標——迦太基掌控之地僅剩馬爾他島（Malta）、伊維薩（Eivissa）島以及北非和西班牙南部的一些商站了。如果戰火能燃燒到西班牙，且能在西班牙戰場上取得勝利，羅馬就能夠擁有西班牙極為豐富的銀礦。當然，迦太基人應該也想到過這點。因為昔日哈米爾卡．巴卡（Hamilcar Barca）創建的帝國的所在地就是西班牙，這個家族就是要建立迦太基人的陸上領地。其實，這可能也是不得已而為之，海上戰事的失利已經讓這個龐大帝國有些力不從心了。如果把領地轉向陸地，就可以將迦太基人從羅馬帝國的枷鎖中解救出來。

西元前二三七年，哈米爾卡在去西班牙之前為神祇巴力哈蒙獻祭。他將幼子漢尼拔．巴卡叫到跟前，要求漢尼拔將手放在犧牲上，並發誓「永遠不要向羅馬表達善意」。當漢尼拔長大成人走上戰場，他的一系列表現可作為這次「獻祭」的印證，同時，也可作為迦太基帝國戰略意圖的佐證。

因此，如果迦太基人能死守住西班牙這塊領地，那麼，它將對戰局起到非常重要的作用。如果能夠成功，能將這一區域發展壯大，就可以在日後對羅馬實施包圍。

羅馬感受到這樣的戰略威脅了嗎？答案讓人悸動！羅馬人既不想被迦太基人包抄，又拒絕讓迦太基回到薩丁島或西西里島繼續經營。可見，羅馬人想要打造一個超級帝國的野心有多麼堅決。

漢尼拔也針對這樣的戰略意圖採取過實際行動。他率軍越過阿爾卑斯山，打算將戰爭引到羅馬的家門口。羅馬人則派出西庇阿，由他率領兩萬五千名士兵乘船抵達西班牙，在古商站安普利亞斯登陸。遺憾的是，在這場海戰中，迦太基艦隊失敗了。不過，漢尼拔在坎尼戰役中大敗羅馬軍隊，為迦太基扭轉戰局看到了一些希望。因為在希臘北部，馬其頓的統治者腓力五世受到這次戰役的影響決定反抗羅馬。在與羅馬人的交鋒中，馬其頓人在阿爾巴尼亞沿岸水域的戰事中取得了一些勝利。不過，這讓羅馬人意識到了——如果繼續以武力強制擴張到地中海領地，必然會使他們與「從前未進入他們視野的周邊民族建立聯繫，甚至發生衝突」。換句話說，羅馬不能在那裡實行帝國式的強硬統治，迦太基人與錫拉庫薩的戰爭就說明了這一點。

聰明的羅馬人採取了懷柔政策。像西元前二一三七年，錫拉庫薩的希倫二世就受到羅馬禮待，被允許對羅馬進行國事訪問。希倫在這次出訪之行中，還給羅馬人帶來了二十萬蒲式耳西西里島出產的穀物，可謂效果顯著。

隨著迦太基人失去諸如西西里島之類地區，失敗的陰影已籠罩在帝國的頭上，而羅馬人更加意識到控制海洋的重要性。這一點，在迦太基最後簽署的屈辱條約中也有所反映：迦太基只能保留十艘三列槳戰艦，他們聞名於世的五列槳戰艦完全被禁止。李維在《羅馬自建城以來的歷史》說道：「羅馬人從迦太基的巨大圓形港口中拖出五百艘戰艦，並將其付之一炬。」一個超級海洋帝國，不能擁有至少一支強大的艦隊，這將是多麼沉重的打擊。

在面對羅馬執政官馬庫斯．波爾基烏斯．加圖的步步緊逼時，迦太基人一味地隱忍退讓也不是明智之舉。最悲哀的是，到最後無從忍讓了才開始不計後果地反抗，這一思路也是致命的。史料記載，馬庫斯．波爾基烏斯．加圖先是「要求迦太基派出人質，迦太基答應了；然後是上交包括兩千支石弩在內的所有庫存武器的要求，迦太基人答應了。但羅馬人提的第三個要求實在讓人難以接受。迦太基人被要求全部撤離他們的城市，在至少十六公里以外的內陸地區任選一處遷居地」。於是，迦太基人拼盡全力組建了一支艦隊。然而，在喪失了主要制海權的局面下，一個海洋帝國如何透過一場至關重要的海上戰爭扭轉戰局？

§

西元前一四六年，迦太基城被羅馬人攻陷，留下的是一片慘不忍睹的迦太基廢墟。就連小西庇阿面對熊熊燃燒的迦太基城的時候，也忍不住潸然淚下——這是波里比烏斯的描述。

「他獨自冥想，反思著那些不可避免地走向滅亡的城市、民族、帝國和個人，反思著曾經輝煌的特洛伊城、亞述、米底亞（Median）、後來的大波斯帝國以及離現在最近的、顯赫的馬其頓帝國所遭受的命運。就這麼苦思了許久之後，（荷馬）史詩中的句子自覺或不自覺地從他的嘴裡脫口而出：『這一天將會到來，文明神聖的特洛伊、普里阿摩斯（Priams），以及被持矛者普里阿摩斯統治著的人們，將消亡殆盡。』」

雖然我們不知道這是不是波里比烏斯的親耳所聽。不過，他應該不是為迦太基的滅亡而感慨、而哭泣，他是在為自己的命運哭泣。因為他知道，在滅亡迦太基後，他的作用也將逐漸失去，等待他的是英雄在功成名就後被拋棄的落寞。

如果真有命運輪迴，許多人也許會相信「一個成熟的羅馬帝國的形成，正是最後走向滅亡深淵的開始」。迦太基的今生今世是不是羅馬的未來，也許歷史已經說明了一切。迦太基這個優秀的海洋民族的衰亡終將給我們深刻的啟示。

Chapter IV

五百年內無勁敵

亞克興成就奧古斯都

（西元前31年）

她乘坐著一艘船艉用金片包鑲、船帆呈紫色、船槳鍍銀的超豪華大船。水手們隨著長笛的樂聲划槳，笛聲和划槳聲與豎琴的妙音融在一起。女王裝扮得猶如維納斯女神，半躺在用金絲刺繡的紗帳之內。

——普魯塔克《希臘羅馬名人傳》

01

奧古斯都的誘惑

亞克興（Actium）海戰的一個重大意義在於改變了羅馬文明歷史乃至西方文明史。

西元前四四－前一四年間，當時的羅馬帝國政治形勢發生了翻天覆地的變化，其讓後人津津樂道的共和制已無可挽回地蛻化為君主制。圍繞這個帝國的統治權問題，執政官屋大維（即蓋烏斯·屋大維·奧古斯都）與護民官馬庫斯·安東尼·內波斯（Marcus Antonius Nepos，即馬克·安東尼，西元前八三－前三〇年）展開了激烈角逐。

表面上這場角逐似乎是埃及豔后所誘發的，實則緣於獨裁者蓋烏斯·尤利烏斯·凱撒（Gaius Julius Caesar）[1]遭遇刺殺後[2]，過度擴張的羅馬共和國已經失去了維持各軍閥勢力平衡的能力。也就是說，屋大維、安東尼等打著「為凱撒

1 西元前一〇〇－前四四年，羅馬帝國的奠基者，著名的軍事家、政治家。

2 西元前四四年三月十五日，以布魯圖為首的共和派元老刺殺了凱撒。

復仇」的名義建立起各自的勢力範圍。

作為勝利方的屋大維憑藉亞克興海戰完成了一次華麗的轉身。從此，在之後的五百年內羅馬艦隊在地中海再無對手。並且，正在形成的羅馬大帝國在政治、軍事、經濟等方面的影響力也因此得到了加強。

在亞克興海戰之後一千五百年，英國著名作家莎士比亞或許是出於偏愛，竟嘗試著把這次海戰寫成悲劇。這裡面的動因，可能是出自這場海戰背後所彰顯的驚心動魄的行動和錯綜複雜的情感。譬如，至今讓世人津津樂道的埃及豔后到底在其中扮演了什麼樣的角色？為什麼莎士比亞在他的著名悲劇《安東尼與克麗奧佩脫拉》裡讓屋大維說出這樣一句話：「天下雖大，已無我二人共存之所？」

克麗奧佩脫拉（Cleopatra，又譯作克利奧派特拉）就是古埃及托勒密王朝的最後一位女王，即克麗奧佩脫拉七世。如果我們要用一個詞語來形容屋大維、安東尼和克麗奧佩脫拉三者之間的關係，一定就是讓世人驚豔的三角戀情。確如屋大維所說，當時的他和安東尼兩人已經水火不容，他們兩人的角力或許表明了新的羅馬帝國將走向何處——是以亞歷山大為中心的帝國，還是以羅馬為中心的帝國？

前者是傾向於埃及，屬東方式的；後者是傾向於義大利、伊比利亞和高盧，屬西方式的。這樣看來，亞克興海戰就發生在一個極端的時代（西元前四四－一四年），這個時代的羅馬帝國，其政治形式無可抗拒地走向了君主制，並且從共和國的對外擴張期過渡到了帝國的鞏固期。歷史學家通常把這個極端的時代稱作「奧古斯都門檻」，言下之意，羅馬只有跨過了這道門檻，才能算一個合格的、成熟的帝國。從此，這個帝國適時地結束了疆域的擴張，將原來的軍事征服、橫徵暴斂轉為文明同化。

值得一提的是，這種轉變也許從當年小西庇阿在征服迦太基凱旋後的失聲痛哭中就得到了某種映射。當時，許多人都以為他是在為陣亡的將士哭泣。據說是在波利比烏斯同小西庇阿交談的時候，小西庇阿流露出了悲傷的情緒——他覺得人間之事是那麼變化無常，不覺為祖國的命運感到擔憂。不過，也有可能是為自己功成名就後的命運擔憂。[3]

上述提及的文明同化主要包括以下四方面：

其一，政治資格，即羅馬公民權的授予（較之前相比，權力減少了）；

3 相關內容可參閱波利比烏斯所著的《歷史》（*The Histories*）。

其二，政治制度，即羅馬法律的拓展（較之前相比，內容增加了）；

其三，經濟舉措，即邊緣地區的城市和路網建設（疆域拓展後的守衛、建設問題）；

其四，意識形態，即「遵命文學」，這是由古羅馬詩人維吉爾、賀拉斯・弗拉庫斯（Horatius Flaccus）等人宣導的愛國主義情懷。他們原先支持共和制，後來又轉為支持君主制，其詩作中有著滿滿的愛國主義情懷。

以上四方面為我們傳達了一種深刻的內涵：羅馬試圖以「文明化」的治理策略來實現帝國的擴張一統和發展。

當羅馬面對多民族、多宗教且語言、文化各異的廣闊疆域時，共和制已經不能滿足這樣的局勢需求了。如果不實現政治體制的轉換，這個帝國很有可能在不斷的擴張中反而促進自身的衰亡。

對此，我們可以從共和體制下不設常備軍這一點進行說明。根據英國學者特威茲莫爾（Tweedsmuir，本名約翰・布肯，John Buchan，第一代特威茲莫爾男爵）在《奧古斯都》以及R. H.巴羅（R.H.Barrow）在《羅馬人》中的觀點，當時羅馬依靠的是「士兵與農夫」的結合。軍隊都是靠臨時徵召和訓練得來的，當戰事結束，返回羅馬前，軍隊便自行解散了。這些士兵脫去了鎧甲，放下了武器就變成羅馬公民。隨著帝國版圖的擴大，羅馬公民不得不再次出征，他們也很難做到春天集結出戰，秋天返回家園了，這裡面的原因不言而喻。在長期的對外征戰中，不僅需要大量財力、物力，還需要不斷擴張新的土地來解決安置退伍士兵的問題。之前的「元老院」和「羅馬公民」曾是共和制的基礎，現在軍隊體制的變化動搖了這一根基。農民與士兵不再合一了，民生會議在共和體制中的權重越來越低。那些原來要回國的士兵不再回國了，他們成為「邊緣地區」（相對而言）——諸如高盧、西班牙、亞細亞、日耳曼森林——的守護者和建設者。隨著時間的推移，軍隊逐漸成為軍事獨裁者的私人武裝。這種權力極度擴大帶來的惡果，就連原先實行的「行省總督輪替制」也無法解決。

也因如此，才出現了「前後三頭」對峙（「前三頭」指克拉蘇、龐培、凱撒；「後三頭」指安東尼、屋大維、李必達）的局面，他們各自據有統治區域，相互的傾軋為後面的紛爭埋下了禍根，才出現了元老院分裂與無為的尷尬（最尷尬的時候是在共和國的末期，連元老院的貴族想要獲得某種利益或支持也得依靠龐培）。難怪哲學家西塞羅說：「凱撒之死廢除的僅僅是國王，而不是王權。」[4]羅馬面臨的就是這麼讓人痛苦的局面！無論是「前三頭」還是「後三頭」，絕不可能實現共治，最終只能由一個人來統治這個偌大的帝國。

錯綜複雜的局面下終將爆發一系列的戰爭，而亞克興海戰成就了一位皇帝——奧古斯都。

§

許多人會很關心那位埃及豔后。[5]

在歷史傳統中，關於亞克興海戰的描述背後充斥著背叛、魔法、迷藥的特質。有意思的是，描述這段歷史的史學家沒有一個是與屋大維、安東尼同一時代的人，他們在敘述中不免摻雜了一些個人的好惡。譬如安東尼和埃及豔后的姦情，在關鍵時刻這個豔麗無比的女人拋棄她的情人逃跑，安東尼因過度迷戀埃及豔后，丟下自己

4 參見喬洛維茨．巴里．尼古拉斯的《羅馬法研究歷史導論》。
5 關於埃及豔后的更多內容可參閱雅各．阿伯特所著的《埃及豔后：羅馬內戰與托勒密王朝的覆亡》。

的軍隊去追趕她。

人們可能出於某種獵奇或者同情的心理，願意去相信這樣香豔的故事。作為歷史真相的探究者，我們是不是更應該相信逃跑和背叛並不是最重要的，最重要的是因為政治理念的衝突或者失敗導致個人的愛情美夢——如果這算愛情的話——就這麼隨之破滅了？據說，安東尼拔劍自刎，埃及豔后中蛇毒而亡後，他們兩人被安葬在同一處墓穴中。

所以，真相到底是什麼呢？如果我們能從亞克興海戰中找到一些突破口，整個香豔的故事是否會發生驚天逆轉？

要弄清真相，我們只有全方面的重新審視亞克興海戰。

關於這段歷史的記載，主要源自普魯塔克、卡修斯．狄奧、保盧斯．奧羅修斯（Paulus Orosius）[6]這三位歷史學家的作品。

先說普魯塔克，他也是薩拉米斯海戰歷史的記錄者，這位史學家在《希臘羅

6　三八五—四二〇年，古羅馬神學家奧古斯丁的弟子，主要作品有《反對異教徒的七卷本歷史》。

馬名人傳》中描述了歷史上那些對他的時代產生過重要影響的政治家，從忒修斯（Theseus）[7]到安東尼，這些舉足輕重的人物在他的筆下呈現出或消極或積極的典型性格，對安東尼的記載充滿了厭惡之情。我們看到的安東尼就是一個反面的角色，似乎一言一行都受制於一個女人，任憑其擺布。普魯塔克在《希臘羅馬名人傳》中的說法和屋大維的觀點一致：「安東尼在迷藥的作用下不再保持自己的理智了，對他們的作戰由宦官瑪律迪翁、波泰諾斯和克麗奧佩脫拉的理髮師艾拉斯和卡爾米翁負責，正是這些人負責最主要的政務。」

再說卡修斯·狄奧，他主要站在元老院的立場，利用大量的官方檔案詳細記錄了亞克興海戰以及屋大維的長篇演講。透過狄奧在《羅馬史》中的記載，我們可以知曉那個時代羅馬對安東尼的看法：「不應該把他看作是一名羅馬人，而該把他看作是一個埃及人，別叫他安東尼，就叫他塞拉皮翁吧！誰都不會想到，他居然曾經是一名執政官，或者是一名獲得凱旋式的人……成天泡在國王的奢侈生活中的人，在

7 雅典傳說中的著名人物，相傳是他統一了雅典所在的阿提卡半島，並在雅典建立起共和制。

溫柔鄉里讓自己變得軟弱的人，這樣一個人怎麼可能像男子漢一樣思考和行動！」

最後說保盧斯．奧羅修斯，他主要站在基督教的立場，在老師奧古斯丁（Augustine，三五四—四三〇年）的委託下寫就了《反對異教徒的七卷本歷史》一書，該書是第一部基督教通史，他在書中彰顯的歷史觀是要說明基督教自誕生以來並沒有墮落，反對把四世紀以來西羅馬的衰亡歸結於多神教衰亡及基督教興起的後果的說法。在敘述早期歷史時，包括亞克興海戰，他的主要參考書籍是李維的《羅馬史》，並且完全保留了羅馬官方史學的論調。很明顯，他的觀點是要向人們闡釋基督教的救恩價值。

上述三位歷史學家的論述儘管具有主觀的傾向性，但就那段歷史的記錄而言，可作為重要的參考。西元前三二年的羅馬實際上已經一分為二了。尤利烏斯．凱撒的養子屋大維權重其一，凱撒的副將、執政官安東尼則權重其二。前者控制著羅馬帝國西部（包括義大利、伊比利亞、高盧），後者控制著羅馬帝國的東部（包括希臘、小亞細亞的諸附庸國。這些附庸國還是由各自的君主統治，只是名義上服從於羅馬，如亞美尼亞、猶地亞、卡帕多西亞）。在這之前，屋大維、安東尼以及李必達（Marcus

Aemilius Lepidus，年代不詳—前一三年，凱撒麾下的騎兵統帥）三人組成了「後三頭同盟」，後來李必達退出了該同盟（主要原因是其實力在三頭同盟中最弱，遭受到排擠）。李必達退出後，權力的角逐焦點就在屋大維和安東尼兩人身上了。當時，安東尼因迷戀上埃及豔后（安東尼對埃及豔后的迷戀，使得他甘心把腓尼基、奇里乞亞、阿拉伯半島以及猶大王國的部分土地都贈與了她），與屋大維的姐姐，也是自己的妻子奧克塔維婭離婚，這事於公於私都為屋大維創造了極為有利的局面。在屋大維的精心謀劃、宣傳及鼓動下，許多羅馬人開始反對安東尼。這時候的安東尼已經意識到自己所處的境地，讓自己的鋒芒收斂了不少。

然而，就在這個節骨眼上，屋大維做出了一件讓人特別氣憤的事。之前，安東尼有一份遺囑託付給維斯塔的女祭司保管在神廟中（羅馬人有一個習俗，在生前把自己的遺囑放在維斯塔神廟中），屋大維在沒有經過允許的情況下把遺囑給弄了出來（據說是屋大維強迫女祭司把安東尼的遺囑交出來），這是違反《羅馬法》規定的（生前開讀遺囑屬非法，要遭受到處罰）。屋大維的目的很簡單，就是要當著元老院的面宣讀這份遺囑。於是，兩人的關係終於完全破裂了，安東尼決定反擊。

那麼，在這份遺囑中安東尼到底寫了什麼，以至於他不顧後果地要與屋大維決裂？

其一，承認凱撒里昂是凱撒的親生子；

其二，將埃及豔后的兒子凱撒里昂作為羅馬的繼承人；

其三，自己死後不打算將遺體安葬在羅馬，要安葬在亞歷山大，與埃及豔后葬在一起。

上述遺囑中的內容，按照屋大維的理解，安東尼豈不是要把都城搬到埃及，把羅馬的權力拱手讓給那個埃及女人？對於這份遺囑的真實性，到目前為止也沒有定論。一種比較通行的說法是，屋大維為了煽動羅馬民眾對安東尼的仇恨而杜撰了遺囑。遺囑中的這些內容無一不是屋大維鼓動羅馬人仇視安東尼的理由。事情的發展果如屋大維所料，遺囑曝光後，成為當時轟動全國的醜聞，元老院剝奪了安東尼的所有公職，在羅馬人民看來，安東尼的這些行為構成了叛國罪，不容饒恕。

於是，元老院宣布埃及豔后為國家公敵，並向埃及宣戰。屋大維的目的達到了，他要順理成章、合情合理地利用元老院，利用羅馬人民的愛國心剷除安東尼這個厲害的對手。

屋大維深知安東尼無論是偏向埃及人還是羅馬人都是權宜之計。對埃及豔后的情感熾烈或許只是一種表象，背後的政治動因才是根本。安東尼認為，鞏固、加強埃及的地位是符合羅馬利益的。

在與安東尼決戰前，屋大維要求並接受了整個義大利和各西部行省的效忠宣誓。按照義大利學者朱塞佩．格羅梭（Giuseppe Grosso）在《羅馬法史》中的觀點，這種效忠宣誓其實是共和制後期軍隊對將領的依附關係的延續，它所遵循的是門客制度和庇護制度這樣一種社會關係和政治關係模式——在共和制度陷入危機的時期，這種關係變得更重要了——而且對於確定元首個人地位（即元首制）來說，具有特殊的意義。日本學者鹽野七生在《羅馬統治下的和平》裡對這種觀點做了更為具體的闡釋，她認為，種種宣誓不只是口頭宣誓，伴隨的是相應的軍事動員義務，包括了人民承認屋大維擁有士兵的招募權，並且願意負擔臨時稅。

所以，從這個層面來講，屋大維明顯要勝安東尼一籌，共和時代的羅馬各行省完全是羅馬貴族寡頭掠奪的對象，行省總督完全由元老院任命。換句話說，屋大維懂得如何利用元老院壯大自己的力量，增強自己的影響力。

為了迎接即將到來的決戰，雙方都召集了大規模的軍隊。
戰爭就這麼開始了，奧古斯都的誘惑讓兩個能影響羅馬政局的人物註定無法共存。
帝國的未來將掌握在誰的手中？
只需拭目以待！

02
勁敵末日

奧古斯都統治下的羅馬版圖可以分為以下四個區域：

其一，義大利本土，元老院任命的總督統管的行省；

其二，元首直接統治的行省；

其三，凱撒留下的作為奧古斯都私人領地的埃及；

其四，承認羅馬霸權，外交和軍事上追隨羅馬的同盟國，如亞美尼亞、猶地亞、卡帕多西亞。

一個帝國能帶來和平與繁榮，方為合格的帝國，帝國的鞏固需要軍事實力，更需要使命感和神聖性。古羅馬最著名的歷史學家普布利烏斯．克奈利烏斯．塔西佗（Publius Cornelius Tacitus）對「奧古斯都門檻」有過精闢的論述，這種論述也彰顯了作為繁榮帝國的必備場景：「所有的民眾都能融入到我們的國家之中。如此四海方能安泰宴如。

當波河左岸[8]的人獲得了公民權，當我們普天之下的軍團軍功赫赫，使得我們的行省固若金湯，帝國有難時他們也會前來相助，那麼在面對外國人的時候，我們才會榮耀萬分。」[9]

埃及豔后出生的時候，托勒密王朝統治下的埃及已經江河日下，而羅馬的對外擴張又處在勢頭上。對托勒密王朝來說，想要確保完全的獨立幾乎是不可能的，就像當初羅馬人說「迦太基必須毀滅」一樣。面對內憂外困，埃及豔后的父親托勒密十二世沒有採取勵精圖治的策略，而是將大量財物送給羅馬統治者，導致國內的經濟更加惡化。西元前五八年，憤怒的民眾終於揭竿而起，托勒密十二世被迫逃亡羅馬，三年後，在羅馬人的幫助下才得以返回亞歷山大。西元前五一年，托勒密十二世去世，十八歲的克麗奧佩脫拉成為女王，史稱克麗奧佩脫拉七世。她的弟弟托勒密十三世年僅十歲，根據遺囑，和姐姐一起分享王權。這樣的遺囑顯然是欠缺考慮

8 義大利最大河流，其流域大約占了義大利國土面積的百分之十五，發源於義大利與法國交界處科蒂安山脈的維索山，該河最後注入亞得里亞海。

9 引自菲力浦・內莫的《羅馬法與帝國的遺產》

的，更甚者，在遺囑中還說羅馬對埃及有監護權。於是，姐弟之間的鬥爭在宮廷勢力的鼓動下愈演愈烈。在這場爭鬥中，姐姐落敗，被逐出王宮。

歷史彷彿是有人刻意安排似的。就在這時，龐培在與凱撒的交鋒中落敗，逃到了亞歷山大。羅馬正愁沒有機會插手埃及事務，龐培這一去，正合他意。托勒密十三世也深知凱撒插手埃及事務對自己意味著什麼，而虎落平陽的龐培也成為這個機會中的犧牲品，當他的謀臣把龐培的首級帶到凱撒面前時，迎接他的不是報之一謝。凱撒的勃然大怒讓敏銳的克麗奧佩脫拉看到了東山再起的機會，於是，她想盡辦法越過弟弟的阻撓，來到凱撒身邊。

按照前文所述的三位重量級歷史學家的描述，這位埃及女王的美色確實是讓人難以抗拒的，就這樣，凱撒站在了女王這邊。在他的幫助下，女王奪回了屬於自己的一切，並有了他的骨肉，即小凱撒。西元前四八年，克麗奧佩脫拉終於得以重入王宮，表面上是與另外一個弟弟托勒密十四世分享權力，實際上她獨掌大權。

西元前四七年，小凱撒出生。第二年，克麗奧佩脫拉帶著兒子前往羅馬。西元前四四年三月，凱撒被刺殺。這一連串的際遇彷彿是上天有意安排，好比戲劇。無奈之下的克麗奧佩脫拉只能帶著兒子回到埃及，不久，托勒密十四世暴死。關於他的死因沒有確切說法，一種比較中肯的說法是姐姐害死了弟弟，畢竟姐姐有明顯的動機。之後，克麗奧佩脫拉任命小凱撒（當時未滿三歲）為國王，即托勒密十五世。不得不說，這位女王精於謀劃。在她眼裡小凱撒不僅是合法的埃及君主，還是凱撒的兒子，將來這個王朝若真的不行了，至少到了羅馬會得到優待。

為了鞏固自己和兒子在埃及的地位，克麗奧佩脫拉決定再找一個實力雄厚的靠山。無獨有偶，安東尼在這個時刻召見了她（當時安東尼正在為遠征帕提亞做準備，他需要埃及為其提供戰爭所需的財物）。就是這次召見，按照普魯塔克的說法，兩人便如乾柴烈火般地纏綿在了一起。

來看具體的描繪內容吧！「她乘坐著一艘船艉用金片包鑲、船帆呈紫色、船槳鍍銀的超豪華大船。水手們隨著長笛的樂聲划槳，笛聲和划槳聲與豎琴的妙音融在一起。女王裝扮得猶如維納斯女神，半躺在用金絲刺繡的紗帳之內。童男宛如丘比特站在她身邊輕輕地搖扇子，裝扮成仙女的童女有的划槳、有的調節帆索。船上的焚香散發的芳香使得奴斯河兩岸充滿了甜味。」[10]

或許，莎士比亞也是被這樣的描述吸引了，其悲劇作品《安東尼與克麗奧佩脫拉》就是從這裡開頭的。普魯塔克的描述無疑是要將克麗奧佩脫拉刻畫成一個「淫蕩的女王」，其目的是要證明陷入愛欲的男人在失去理智後是多麼無用和無助。古羅馬歷史學家阿庇安（Appianus）[11]對克麗奧佩脫拉沒有一絲好感，在《羅馬史》中，他筆下的「這個四十多歲的男人（安東尼）像一個小孩子一樣變成了她的奴隸」屬於典型的男權主義描寫，將所有的罪責都歸結到「淫蕩女王」的身上。

普魯塔克更為露骨的描寫是，安東尼為了博取女王歡心，竟然在酒宴上當著眾人的面給她按摩腳，這不由得讓人想起金國歷史上那位叫完顏亮的皇帝，其在不少歷史記載中是多麼的荒淫無度。普魯塔克還記載了一件讓人大跌眼鏡的事。有一次，一位羅馬演說家正在演講，坐在下面聽演講的安東尼看見女王的轎子從門外經過，連演講都不聽了，如同著了魔一般飛奔而去，這場景就像一個宦官跟著轎子離去一

10 引自普魯塔克的《希臘羅馬名人傳》。
11 約九五—一六五年，主要作品《羅馬史》。

樣。兩人纏綿的時候，有著說不盡的萬種風情；兩人分開的時候，安東尼就坐在椅子上一字一句地閱讀女王寫來的情書。據說，這些情書都是寫在寶石上的，可見女王是多麼奢侈。

卡修斯．狄奧的描述同樣讓人覺得這位埃及女王是一個十足的蕩婦，他說克麗奧佩脫拉有永遠無法滿足的情欲和貪欲。他這樣描述，目的是要撥動羅馬許多上層男人「得不到，心就酸」的脆弱心理。他還特別強調，如果羅馬敗在一個蕩婦的手上是多麼不光彩，多麼恥辱。

卡修斯．狄奧還把羅馬的敵人看成是埃及，這是極為不公平的，事實上，當時名義上服從羅馬統治的國家有許多。而他在《羅馬史》中記錄的屋大維在亞克興海戰前的一次重要演講，更是讓我們看到屋大維是如何使用權謀的——「我們羅馬人是世界上最偉大和最美好土地的統治者，但是如今被埃及女人踩在腳下。這讓我們的祖先蒙羞，對我們自己是奇恥大辱。我們的先祖曾經征服高盧，讓潘諾尼亞人臣服；他們曾經遠足萊茵河彼岸，甚至渡過大海到達不列顛。假如完成以上壯舉的先烈知道我們如今無法克服一個女人傳播的瘟疫，他們會肝腸寸斷。我們比其他任何民族都更英勇，如今受到這些來自亞歷山大和埃及的烏合之眾的侮辱卻無動於衷，難道不是恥辱嗎？……埃及人在厚顏無恥方面舉世無雙，他們最缺乏的是勇氣。最讓人無法饒恕的是，他們不是由一個男人統治，而是甘願做一個女人的奴隸。他們覬覦我們的土地，並且試圖利用我們的同胞奪走我們的土地。」

為了打敗對手，屋大維的煽動無疑是成功的。而安東尼在遠征帕提亞（今土耳其南部的塔爾蘇斯）失利後，面臨的又是與屋大維在亞克興的海戰，這使得我們不得不這樣去思考：安東尼的處境就像三國時的蜀漢一樣，鑒於日益積弱的自身實力，不能坐以待斃，只能主動地出擊挑戰，或許還有一線生機。

戰爭的結果似乎沒有什麼懸念。

安東尼因走投無路自殺了！克麗奧佩脫拉心不甘，她準備了一批價值不菲的財寶，希望能打動屋大維，或保住自己的王位，或把王位傳給凱撒的兒子。屋大維沒有答應，他不想步安東尼的後塵，絕望的克麗奧佩脫拉只能選擇自殺。據說，她將毒蛇放進自己的胸口，最後中毒身亡。

§

古典的歷史學家和作家們基本上把亞克興海戰中安東尼的失敗歸結到克麗奧佩脫拉身上，這是不客觀的。在戰爭開始之前，精於謀劃的屋大維已經占盡了天時、地利、人和。反觀安東尼，從遠征帕提亞的失敗已經能看出失敗端倪，他在軍事上最大的問題在於補給嚴重不足。我們有理由推斷，安東尼召見克麗奧佩脫拉的根本目的是希望她能為軍隊提供物資。

事情的真相可以從屋大維針對亞克興戰事的布局得到印證。屋大維的得力幹將瑪爾庫斯・維普撒尼烏斯・阿格里帕（Mareus Vipsanius Agrippa），早在戰事開始之前就占領了亞克興海角周圍的城鎮。這一招非常致命，兵馬未動糧草先行，這等於切斷了安東尼從埃及獲得物資的補給線。

因此，這場戰事似乎從一開始就註定了結局。

可為什麼安東尼還要開戰，開戰了克麗奧佩脫拉還要中途逃走？德國歷史學家蘭克的觀點是：克麗奧佩脫拉意識到了危險，在雙方酣戰的緊要關頭帶領自己的船隊逃走。安東尼是個熱情有餘、勇氣不足的人，匆忙隨她而去，把自己的艦隊拱手讓給了對手。另一位德國歷史學家蒙森則認為：克麗奧佩脫拉中途撤退不是叛變，更不是因為恐懼或使性子，她這樣做是因為她相信撤走對她及艦隊有利，因為，她已經意識到戰爭的結局是什麼。[12]

應該說，克麗奧佩脫拉只是想借助凱撒和安東尼的力量維持托勒密王朝的安穩而已，至於那些由一些歷史學家和古典作家描述出來的香豔、荒淫的故事，不過是出於某些政治要求罷了。在亞克興海戰中她提前感知到戰爭的結局，她是不想看到安東尼的失敗葬送了埃及。如果安東尼和克麗奧佩脫拉的確是情人關係，他們當中有過真摯的愛戀，那也是人性使然吧！

所以，就連極力吹捧屋大維的古羅馬著名詩人普羅佩提烏斯（Propertius）也不得不感慨道：「在這樣的夜晚，我們每個人都可以成為神仙。假如我們當初都願意過一種半依著暢飲醇酒的生活，就不會有可怕的利劍和戰船；亞克興的海就不會淹沒無數同胞的骨肉，羅馬也不必因為用昂貴的代價換來的勝利而哀哭不止。」[13]

12 參閱蒙森的《羅馬史》。
13 參閱蒙森的《羅馬史》。

§

現在，讓我們將時間指向亞克興海戰的戰場。

安東尼和克普羅佩提烏斯（Propertius的聯合艦隊集結在希臘西海岸的伯羅奔尼撒半島南端至科孚島一線。屋大維最初的戰略是在義大利南部的布隆提西烏姆港（Brundisium，今布林迪西，臨近亞得里亞海的奧特朗托海峽）和塔蘭托（義大利最重要的港口之一，位於塔蘭托灣北部，瀕臨伊奧尼亞海）集結軍隊，並且還有一支約兩百五十艘船的艦隊。這支艦隊的艦船叫「利布尼」（因從伊利里亞利布尼人傳來，故叫此名），具有重量較輕的顯著特點，這種艦船在羅馬帝制時代屬主力艦標配，與三列槳戰艦相比，其槳手的配置人員少了許多。屋大維還配備了一百五十艘運輸船，用於運輸和調配兵力，這些船的主要任務就是將八萬名步兵和一萬兩千名騎兵運到希臘。

對於一支艦隊而言，是需要適合執行特殊任務的艦船的，它得靈活、航速快。與之相比，安東尼的艦隊屬於巨型艦，在作戰中靈活性將處於劣勢。

安東尼和克麗奧佩脫拉的聯合艦隊在伯羅奔尼撒半島集結的戰略布局並不複雜。

這個半島與希臘本土之間有一條地峽相連，即科林斯。這意味著艦隊可以較為輕鬆地展開進攻和回防。除此之外，科孚島的水域和自奧特朗托（Otranto）出發不到四十海浬寬的航道（即海峽）構成了通往亞得里亞海的門戶，同時還是一個通往義大利的前進基地。

很有意思的是，屋大維在布隆提西烏姆港集結軍隊——這個位置也臨近亞得里亞海的奧特朗托。特殊的地理位置使得這片海域成為重要的戰略之地，安東尼自然知道它的重要性。因此，他和克麗奧佩脫拉的聯合艦隊一共配備了五百艘戰艦，大都是巨型艦，七萬五千名軍團步兵和一萬兩千名騎兵，另加幾千名輕裝輔助軍團士兵。這樣的兵力看起來很強大。聯合艦隊還有一部分在安布羅西亞灣（Ambracian Gulf，今安布拉基亞灣）停泊，這是來自埃及和東方附屬國家聯盟的小艦隊。

值得一提的是，能夠通向安布羅西亞灣的入口非常狹窄，大約只有七百公尺寬，屬於易守難攻之地。海岸的兩端建有用於投石的角樓，一旦發現敵情，可以隨時發動猛烈攻擊。這也是安東尼敢於用少量艦隊駐紮在安布羅西亞灣的原因之一。此外，該海灣也可通向希臘本土。

屋大維的得力幹將馬庫斯·阿格里帕與屋大維是童年時的摯友。在腓立比

（Philippi）戰役中，他還和屋大維、安東尼並肩作戰過，誰承想日後他竟與安東尼成為戰場對手。西元前三一年，阿格里帕穿過愛奧尼亞海，目的就是要拿下位於希臘西南角的邁索尼（Methoni）艦隊基地，拿下這個基地就可以襲擾安東尼從埃及派來的運輸船。不久，他又拿下科孚島。這樣一來，就打通了屋大維方面順利在希臘海岸登陸的通道，可以向伊庇魯斯（Ipiros）進軍了。因為這個地區臨近愛奧尼亞海，而愛奧尼亞海涵蓋了義大利的塔蘭托灣，還有希臘的科林斯灣，這意味著如果安東尼再不採取行動就將陷入包圍圈，連希臘都有可能回不去了。

不得不說，阿格里帕為屋大維在亞克興打敗對手起到了至關重要的作用。

安東尼已經意識到此刻面臨的危險處境，只是他沒有想到敵方的行動會如此迅捷，以致己方交通補給線遭到嚴重破壞。無奈之下，他只能將主力艦隊遷往安布羅西亞灣南部的一個半島區域，而屋大維則在這個海灣的北部駐泊艦隊。總之，屋大維的艦隊就是要緊緊相隨，如同甩不掉的尾巴。阿格里帕利用安東尼轉移艦隊的時間拿下了靠近安布羅西亞灣的萊夫卡斯半島（Lefkas或Lefkada，今萊夫卡扎半島），以及派特雷（Patra）和位於科林斯地峽邊的科林斯城。科林斯城位於伯羅奔尼撒半島的東北，緊臨科林斯灣，既是希臘本土和伯羅奔尼撒半島的重要連接點，又是穿過薩羅尼科斯灣（Saronikos Kolpos，英語叫薩龍灣，Saronic Gulf）和科林斯灣通向愛奧尼亞海的航海要道，其貿易和交通的重要性不用多言了。

不得不說，阿格里帕就是要完全切斷安東尼的補給線，同時也要將他及他的聯合艦隊如困獸般鎖死在包圍圈裡。

阿格里帕的策略顯效了！安東尼的聯合艦隊補給出現了嚴重問題：用於飲用的淡水資源越來越少，為了解決飲用水，安東尼不得不讓士兵去挖掘水源；食物的逐漸匱乏讓士兵處於饑餓、疾病和恐慌的狀態中；由前兩者引發的聯合艦隊內部的爭吵也更激烈了。更可怕的是，在聯合艦隊處於極不利的境地時，屋大維的艦隊在亞克興附近的科馬魯斯登陸，聯合艦隊完全陷入包圍圈中了。

亞克興這個希臘西北部海角，現在叫普勒維札（Preveza），將成為屋大維與安東尼決定勝負的關鍵地。擺在安東尼面前的只有兩條路：

其一，放棄聯合艦隊，避免全軍覆沒。這樣一來，他可以帶領陸軍向東穿過多山的地帶，然後吸引屋大維的部隊追擊。這時，安東尼只要找到一塊適合陸戰的戰場即可，因為陸戰是安東尼的強項，他可以利用強悍的陸戰兵團橫掃敵軍。這一點也是屋大維忌憚和害怕的，儘管他有得力幹將阿格里帕協助，勝負卻很難說。

其二，置之死地而後生，集結聯合艦隊的精銳，強行突破敵方的封鎖，只是，安東尼的陸軍軍團就只能聽天由命了。

如此兩難的選擇，讓安東尼和克麗奧佩脫拉陷入糾結。西元前三一年八月，經過幾番思量的安東尼和克麗奧佩脫拉終於做出了決定：採用一部分艦隊突擊的策略，打通前往埃及的通道。同時，由普布利烏斯・卡尼迪烏斯・克拉蘇（Publius Canidius Crassus）帶領陸軍軍團從陸上完成戰略撤退。

這樣的決定無疑是不明智的。更不明智的是，安東尼為了集結最精銳的艦隊力量竟然下令除了保留自己的戰艦以及六十艘埃及艦船外，將其餘的船隻全部毀掉。在這支精銳的艦隊裡，不但配備了最優秀的槳手，還有兩萬名重裝步兵和兩千名弓箭手。

對這樣的決定和部署，許多士兵大為不解，有人甚至痛哭流涕。根據普魯塔克在《希臘羅馬名人傳》中的記載，一位身經百戰的百夫長哭著對安東尼說：「啊，大將軍，你為什麼不信賴我們的傷痕和刀劍，倒要把所有的希望都寄託在這些破爛木頭上面呢？讓埃及人和腓尼基人在海上作戰好了，我們要到陸上去，無論陣亡還是勝利，只有在那裡我們才能一展所長。」安東尼聽了，什麼也沒有說，只是用看似堅毅的眼神鼓勵這位百夫長。

或許安東尼在這個時候已經感到回天無力了，可他還想決一死戰，又下不了最大的決心。據說，當船長們把風帆都留下來的時候，安東尼卻讓將士們把它們全部放回船上去。他說：「我們有了帆，敵人就一個都逃不了。」安東尼將所有不載人的船隻毀掉，保留最精銳的部分，在準備出海的艦船上攜帶風帆。如此怪異的舉動，普魯塔克的分析是，安東尼一開始就想放棄艦隊，不想讓這些艦船落入到屋大維手中。而在艦船上攜帶風帆，其實沒有什麼用處，因為這樣容易引起火災，倘若敵人投擲火器之類的話。艦船的動力源主要還是槳手，安東尼的「我們有了帆，敵人就一個都逃不了」的說法在普魯塔克看來，不過是一個藉口罷了。畢竟，指望在這樣的困境中還有機會追擊逃敵，確實有些天方夜譚啊！

更何況，當時的艦船沒有龍骨，這意味著如果有海風迎面吹來，艦船是無法頂風航行的，只能靠風帆——張開的風帆是需要後方吹來的風才會發生作用的。在亞克興灣的海面上，氣候很特別，風向基本上都是在中午的時候發生改變，上午基本處於無風狀態。到了中午，海上吹起輕微的西南風，隨著時間的推移，風力逐漸增大，一般是到三四級的樣子，然後風向轉北。

這樣看來，普魯塔克的分析是帶有主觀感情色彩的。安東尼的戰略計畫，是根據亞克興海域的風向來制訂的，他讓艦船帶上風帆是為了在這個時間段完成突圍，好讓風向幫助他快速擺脫敵方的追擊。

為了讓這項戰略計畫最大限度地實現，安東尼讓克麗奧佩脫拉親自率領六十艘埃及艦船在戰線的後方待命，在這些艦船上裝載了許多軍資，以及價值連城的珠寶。這都是東山再起時的必需品啊！看來，安東尼並非如一些歷史書籍記載的那樣，他沒有被所謂的愛欲沖昏頭。可是，問題還有一個，這是戰略計畫成功實施的關鍵：如何才能在恰到好處的時刻做到向南航行直至埃及呢？要去埃及必須經過萊夫卡斯半島，這就意味著航線會走西南偏南方向，而要想成功從這條航線突圍，升起風帆的地點得盡可能地在安布羅西亞灣入口西南，最好是向西三海浬或者是四海浬的地方。

屋大維好像提前就知道這條航線的重要性，他在安布羅西亞灣入口到應該升起風帆的地點之間布置了最精銳的艦隊。無奈之下，安東尼的突圍方向只能再向西偏移一點。

在戰鬥開始前，安東尼有一百七十艘巨型艦船，以及至少六十艘埃及船，這樣加起來不會少於兩百三十艘。其中的六十艘埃及船不具備作戰能力，只是運輸船，應該在有利的時間裡快速撤離。遺憾的是，連續幾天的狂風駭浪阻礙了撤離的最佳時間。

這場決定勝負的海戰將何去何從，安東尼和克麗奧佩脫拉的心裡恐怕已是七上八下了。

§

西元前三一年九月二日清晨，安東尼將精銳艦隊分成三部分，構成了長約二海浬的戰線。在戰線中央的後方是克麗奧佩脫拉的六十艘埃及船，他們等待著利用風向轉變的最佳時機升起風帆，以便快速逃離。在戰線的對面約一海浬處是屋大維的艦隊，一共四百艘，同樣分成三部分，唯一不同的是屋大維將它們排成兩列的平行橫隊，以雙重陣型形成對峙。在這些艦船上配備了八個羅馬軍團和四個輔助軍團的兵力。

屋大維的雙重陣型其實是一種防止敵方突破的陣型。就算安東尼的艦船衝破第一列戰線，並採用撞擊破壞艦船的戰術，也不用擔心。第二列艦隊會把突破第一列戰線的艦船截住。更好的情況是，同樣可以採取撞擊的戰術，撞毀敵方艦船。

如果我們稍微細心一些就會發現一個問題，安東尼一方的艦船是巨型艦，這是不是意味著如果採取強行突破，或者在突破戰線的時候採用撞擊戰術就能順利突圍？

非也，巨型艦有個弊端就是靈活性不如輕型艦。要使用撞擊戰術並產生效果，是需要一定的航行速度和撞擊後形成空檔的。我們不知道安東尼是否考慮到了這一點，根據普魯塔克的記載，雙方都沒有採用撞擊戰術，而是混戰在一起。

戰鬥剛開始的時候，雙方都沒有採取進攻行動，而是在彼此試探，僵持了很長時間。直到中午時分，風向有開始轉變的跡象，此時阿格里帕謹慎的心理更加明顯，他知道安東尼將艦隊部署在這樣一個狹窄海灣的入口意味著什麼——就是要等待有利的風向出現，趁機突圍。

這時，安東尼部署的艦隊左翼採取了行動，屋大維艦隊中的一翼卻後撤了。這一動機是什麼？阿格里帕是想要為接下來的迂迴戰術提供更大的空間嗎？安東尼本來是想直接進攻的，以便為艦隊突圍提供時間和空間。現在，對方撤離了，簡直是天降的好事，不用戰鬥就可以直接前進了。就這樣，安東尼艦隊的戰線縫隙拉大了。如果戰線中央的部分此刻就前突，戰線的縫隙將被拉得更大。

安東尼的艦隊越來越鬆散，屋大維等不及了，他絕不能讓這個可怕的對手逃掉。一聲令下後，艦隊朝著敵方快速前進。

很快，戰鬥就打響了。

關於這一刻的場景，卡修斯．狄奧在《羅馬史》中是這樣描述的：『其中一方試圖衝向對方的槳列並折斷槳片，另一方試圖從高處向敵人遠遠地投擲矢石。兩支艦隊都沒能占上風，因為一方在靠近敵人的時候難以對他們造成損害，另一方則由於無法擊沉敵船，只好和敵人糾纏在一起，無法在同樣的條件下進行戰鬥。」

屋大維試圖利用輕型艦向安東尼一方的巨型艦靠近，安東尼的艦船立刻進行攻擊，一時間，戰鬥變得更激烈了。卡修斯．狄奧繼續描述道：「當小船接近大船的時候，由於彼此緊密地湊在一起，數量很多，就好像堡壘或者小島，從海的這一面被圍攻一樣。一方就像是登上大陸或者堡壘一樣，攀登敵船。」

普魯塔克在《希臘羅馬名人傳》裡的描述更為深刻：「在安東尼這方來說，船隻過於龐大，無法達到有效撞擊所需要的航行速度；而屋大維這方，他們不但不敢用船艄對著敵方的船艄撞過去——後者的船艄上裝有很厚的銅板和銅釘，也不敢衝撞安東尼的船隻側面——那些船隻的船舷都使用很大的方形木材製成，並拿鐵釘連接起來，如果不顧一切地衝撞上去，自己船艄的撞角會被先撞碎。所以這樣的海戰很像陸地上的一場會戰，要是說得更準確，那更像一座守備森嚴的城市正在進行攻防戰鬥。通常都是屋大維的三、四艘戰船圍攻安東尼的一艘大船，他們用長矛、標槍、撐杆和各種投射武器發起襲擊。安東尼的士兵也從木制的角樓上面，用弩炮向下方射出大量的箭矢。」

混戰持續好幾個小時，雙方打得難解難分，直到彼此都出現懈怠。這時，克麗奧佩脫拉發現機會來了。對此，屋大維一方的史料記載認為，她發現可以逃離的機會時所採取的行動並沒有遵循原計劃。她就是一個薄情寡義的女人，臨時一念下就選擇了背叛。當午後到來，風向發生轉變，她當然可以下命令讓埃及船穿過戰線間的缺口。畢竟，只要再航行數海浬，就可以到達順風升帆的位置，然後向東南方向航行，逃出包圍。

可問題是，克麗奧佩脫拉發現的機會到底是什麼，是風向的轉變正好是「安東尼和屋大維打得難解難分，彼此都出現懈怠」的時刻；還是在那時候根本就沒有可利於升帆的風向，克麗奧佩脫拉知道這場海戰的結局而做出了臨時的背叛；抑或那些埃及船根本就沒有按照克麗奧佩脫拉的命令，提前就逃跑了？

由於史料匱乏，我們可能無法知道確定的答案了，只能從一些歷史學家和詩人的描述中得到一些思考。

卡修斯·狄奧在《羅馬史》裡這樣描述道：「克麗奧佩脫拉當時正在戰場後方停泊，她不願意在漫長和不確定的等待中煎熬，而是覺得自己已經筋疲力盡了，這是婦人和埃及人的本性。她受不了不安地等待一個不確定的結果，於是她突然轉身逃走了，並對她的下屬發出了相同的指示。當他們升起風帆的時候，恰好偶然吹來一陣順風，埃及船便向大海深處逃走了。在安東尼看來，這些人並不是遵循克麗奧佩脫拉的命令撤退的，而是因為覺得自己戰敗了所以才逃走的，並決定跟他們一起逃走。」

顯然，這段描述是有問題的，亞克興海的風向如前文所述，轉變不是偶然的，而且卡修斯．狄奧明顯帶有主觀臆斷和偏見，他說「這是婦人和埃及人的本性」，無疑是讓人不勝感慨的。

普魯塔克認為克麗奧佩脫拉是穿過正在交戰的雙方船隻逃跑的，這意味她是趁著「雙方打得難解難分，彼此都出現懈怠」時選擇了背叛。接下來，安東尼的舉動在普魯塔克的描述中顯得極其不負責任——無論對整個艦隊，還是對那些正在戰鬥中的士兵而言。

「愛情使人喪失自我且魂不附體，安東尼用臨陣脫逃來證明這句話真實不假。他彷彿生來就是克麗奧佩脫拉的一部分，無論她到哪裡他都需要緊緊相隨。他一看見她的船開走，馬上丟掉那些正在戰鬥、為他效命的官兵，登上一艘五列槳戰艦，只帶著亞歷山大和西利阿斯，追隨那個已經讓他墮落的女人，後來更使他完全遭到毀滅。」[14]

難道安東尼就是這樣一個缺乏責任感、如跟屁蟲般沒有主見的男人？普魯塔克的

14 相關史料可參閱普魯塔克所著的《希臘羅馬名人傳》。

描述讓安東尼成為許多人的笑柄。

「遵命文學」的主要人物維吉爾是古羅馬詩人，他在亞克興海戰結束一年後寫下著名的《艾尼亞斯紀》，在書中他這樣寫道：「至於那埃及女王，人們可以看到她喚來了風，正在張帆，把帆抖開。司火之神把她勾畫得面色蒼白，一派殺人流血的景象使她感到死亡臨頭，浪潮和西北風催促著她。」

維吉爾的描述說明了克麗奧佩脫拉發現的時機是有利於拉開風帆的當口。

雖然我們無法從有限的史料中獲得真相，但上述的相關內容中有一點可以肯定：克麗奧佩脫拉和安東尼最後都成功地逃走了。因此，亞克興海戰的結局非常明顯，屋大維完勝了。海戰結束後，安東尼剩下的十九個馬其頓軍團全部投降了屋大維，小亞細亞那些附屬的君主國也脫離了安東尼陣營。克麗奧佩脫拉回到了亞歷山大，安東尼逃亡到了西林納卡（Kyrenaika，即昔蘭尼加，大致在利比亞中部往東至埃及邊境區域）。

逃亡中的安東尼未能東山再起，西元前三〇年八月，他在絕望透頂之下自殺身亡。幾天後，克麗奧佩脫拉也自殺身亡（具體死因至今未解）。據說，屋大維遵從她的遺願，將她和安東尼合葬在亞歷山大的陵墓中（具體地點至今成謎）。

西元前三〇年八月一日，屋大維進入亞歷山大城，埃及被併入羅馬版圖，並改立行省。

西元前二七年，羅馬元老院授予屋大維元首頭銜，並贈給他「奧古斯都」的稱號。作為亞克興海戰的重要指揮者，馬庫斯・阿格里帕也因戰爭的勝利獲得了無上的榮耀。這位既是軍事家又是建築家的帝國精英除了被屋大維授予高職，還成為他的女婿。另外，他還修建了用於紀念亞克興海戰勝利的萬神殿（Pantheon），在神廟的大門上刻有關於他的銘文。

羅馬艦隊在接下來的五百年內罕逢敵手，直到四六〇年汪達爾人（Vandals）的國王蓋薩里克（Gaiseric）[15]才將這一局面打破。這是一支由古日耳曼人部落中的一支建立起來的政權，在占領迦太基後，以此為中心建立了屬於自己的國家。四六〇年，汪達爾人在阿利坎特（Alicante）海峽焚毀了西羅馬帝國艦隊。

曾有這樣的觀點：如果安東尼在亞克興海戰取得勝利，或許歷史上輝煌的羅馬

15　四二八－四七七年在位，曾征服羅馬帝國阿非利加行省的大部分，鼎盛時期其艦隊控制了西地中海，占據了巴厘厘阿里群島、薩丁島、科西嘉島和西西里島。

文明也就到此為止了。因此，亞克興海戰，也可以看作是以屋大維為首的西方文明與以安東尼為首的東方帝國的較量。對此，莎士比亞在《安東尼和克麗奧佩脫拉》中這樣寫道：「安東尼的死不是一個人的沒落，半個世界也跟著他的名字同歸於盡了。」

03
榮耀背後

現在，屋大維成了奧古斯都，他也被稱為「羅馬帝國的保護者和整個世界的領導者」。這是羅馬帝國海權無比強大的體現。畢竟，海上的勝利就是羅馬帝國的勝利，連蓋厄斯·龐培也這樣說：「航海是必不可少的。」[16]

安東尼在亞克興海戰的表現被勝利者描述得淋漓盡致。卡修斯·狄奧在《羅馬史》裡這樣寫道：「一些人尤其是水手們，還沒有靠近火焰就在濃煙中窒息了；而另一些人置身於火海之中，就像被爐子燻烤一樣；還有些人死在了自己沉重的甲胄裡，因為它們傳熱很快；另外一些人雖然沒有遇到這些不幸，也或被火燒得半死不活，扔下手中的武器，被遠處射來的矢石擊傷，或跳入海中淹死；在海中掙扎的人則或被敵人殺死，或被海獸撕成了碎片。」保盧斯·奧羅修斯認

16 該句的原文 navigare necesse est，屬拉丁語，這裡依據的是阿內爾·卡爾斯滕和奧拉夫·拉德著作《大海戰：世界歷史的轉捩點》的中文版。

為，在這場海戰中，安東尼方的陣亡人數達到了一萬兩千人，六千人受傷。耐人尋味的是，屋大維這方的損失情況卻很難在史料中找到。

希臘人多次在海戰中取得勝利，如薩拉米斯和亞克興，他們是多麼的榮耀。可是，安東尼和克麗奧佩脫拉在被圍困的情況下最終逃走了，並且還帶走了一些艦隊，以及那六十艘埃及艦船上的財寶，這不能不說是一種奇蹟。雖然安東尼逃亡西林納卡後沒能東山再起，克麗奧佩脫拉回到埃及後亦無所作為，但從某種角度來說，屋大維的勝利是有些許遺憾的。

這種遺憾就是讓對手在絕境中逃出了。如果有人試圖抓住這一點的話，屋大維心中的榮耀就會大打折扣。顯然，屋大維深諳此道，他採取了全方位的「粉飾」策略來保住這份榮耀。

種種跡象都可以證明：

其一，將紀念米列海戰的紀念柱翻修了一次；

其二，在羅馬修建了一座用船艄裝飾起來的紀念柱；

其三，向諸神貢獻了武器，舉辦了慶典，並修建了一座名為希拉·尼可波利斯的城市，意為「神聖的勝利」；

其四，將神聖的阿波羅神廟據為己有，在這座廟裡鑲嵌了被俘虜船隻上的青銅撞角。許多藝術作品也反映了屋大維作為勝利者的榮耀，保存在維也納的一件纏絲瑪瑙，表現了屋大維如海神波塞頓一樣，手握三叉戟，驅策三匹海馬衝向驚慌失措的安東尼的場景；

其五，很多關於這場海戰的歷史資料明顯偏向於勝利者一方，而且屋大維將安東尼的名字從所有的詔書和銘文中劃掉了。更讓人覺得不可思議的是，安東尼的紀念碑和塑像也被毀掉了（卡利古拉時期被恢復紀念，卡利古拉是安東尼的外曾孫，為羅馬帝國儒略．克勞狄王朝的第三位皇帝）。

§

對整個帝國而言，在屋大維打敗了最後的對手安東尼後，他利用「共和制的外衣」一步一步地攫取了至上的權力。他說：「集中在我身上的一切權力，今天全部還給你們。我宣布，所有武器、法律的執行以及羅馬版圖下的所有行省，全部歸還給元老院和羅馬人民。」[17]

顯然，這只是政治上的一種表態而已，無論是羅馬實行共和制還是元首制，都不能根除掉一個事實：羅馬始終是一個以軍事為主的國家，這樣的帝國肯定是需要一支軍隊來進行維繫的。為了讓元首制得到鞏固，屋大維巧妙地啟用了共和制下的兩個官職：

其一，行省執政官；

其二，保民官。

行省執政官這一職務的職能可將其軍事權力合法化，而保民官的權力是奧古斯都用以掩蓋自己的巨大影響力的祕密所在。保民官有許多特權，如人身的不可侵犯權、民眾會議的召集權、作為平民代表的提議權和否決權。這是屋大維極為聰明的體現之一！因為，這兩者讓屋大維同人民的關係變得更為融洽了，提高了他在道義上的威望。自然，屋大維心裡是非常榮耀的，奧古斯都的心裡也是非常榮耀的。

17 參閱特威茲莫爾的《奧古斯都》。

屋大維以一種看似偉大的姿態為自己換來了無比榮耀的稱號。在其親信元老的提議下，元老院一致透過決議授予他「奧古斯都」的稱號，這個稱號含有「崇高者」之意。

光榮屬於希臘，偉大屬於羅馬。屋大維的榮耀也是帝國的榮耀，而亞克興海戰的勝利就是他走向榮耀非常關鍵的一步。

從此，羅馬帝國在幾百年內罕逢敵手。

Chapter V

基督山島一二四一

刪除的記憶

（西元 1241 年）

歡呼吧！帝國，盡情地歡呼吧！在海上，在陸上，教皇倒臺的教訓就在眼前，這場戰爭的結束將帶來怎樣的和平啊！宗教會議的惡毒的舌頭，將在命運之輪前沉默……

——《大海戰：世界歷史的轉捩點》

01
猛烈風暴

一二四一年，在地中海西部發生了一次最大規模的海戰，熱那亞海軍遭受了最為慘重的失敗。作為勝利方的西西里王國，卻因這場發生在托斯卡納群島的基督山島（Montecristo Island，也叫蒙特克里斯托島，位於義大利和法國科西嘉島之間）的海戰勝利而得不償失，因為這為教皇提供了另一個藉口來反對自己。一年後，在里昂召開的宗教會議上，西西里王國國王腓特烈二世（Frederick II）[1]被罷免了。更讓這個國家未曾想到的是，為了一場海戰的勝利竟然賠上了全部身家。控制海洋，擁有一支強大的艦隊是取得戰略性勝利的前提，但同樣重要的是一個國家的綜合實力是否能為這樣的

1 應和普魯士國王腓特烈二世，也就是腓特烈大帝區分開來。他於一一九八年加冕西西里國王，一二一二年加冕德意志國王，一二二〇年加冕義大利國王和神聖羅馬帝國皇帝，一二二五年加冕耶路撒冷國王。他的父親是神聖羅馬帝國皇帝亨利六世，母親是西西里王國的公主康斯坦絲。

勝利提供源源不斷或者強有力的支撐。腓特烈二世的教訓將為我們提供一些深刻的體會。

然而，作為在地中海這一海域發生的最大規模的基督山島海戰，我們很難在歷史文獻中找到濃墨重彩的描述。除了極為少量的歷史記載，我們看不到任何紀念碑或者繪畫來表現這次勝利——相比薩拉米斯、米列等海戰，是否過於寒酸呢？

因此，我們也有理由去懷疑：是否被歷史有意地遺忘了？刪除的記憶，刪除的基督山島海戰。如果勝利的一方是熱那亞（Genova）[2]，那麼在羅馬和梵蒂岡一定會有關於這場海戰的圖像被保存，就像歷史學家、考古學家和細心的觀察者能在許多地方發現人們對勒班陀海戰的紀念一樣。腓特烈二世做夢也沒有想到，他領導的這個國家取得了中世紀的一次大規模海戰的勝利，卻恰恰證明了他的國王形象有多麼惡劣。畢竟，與許多海戰有著極大不同的一點是，它沒有因此獲得大量與財物有關的勝利。腓特烈二世俘獲的只是大量神職人員而已——他們原是打算前往羅馬參加

2 位於義大利北部、利古里亞海熱那亞灣北岸，義大利最大商港和重要工業中心。歷史上的熱那亞多以獨立的共和國形式存在，具有很強的貿易能力，也是當時的威尼斯的主要對手。

宗教會議的。

中世紀的歐洲很少發生大規模海戰，這與古代和近代的海戰有著很大不同——大部分政治實體都不能稱之為「國家」，或者說缺乏一套完整的國家機制，它們不具備建造和使用一支大型艦隊的能力。因此，從這一角度來講，一二四一年的基督山島海戰更具備歷史意義了——腓特烈二世統治下的西西里王國竟然勝利了。

一二三九年的夏天，地中海的西部暗藏著一場猛烈風暴。以創立異端制裁所、維護教皇特權而著名的額我略九世（Pope Gregory IX）[3]，與義大利北部的海洋國家威尼斯和熱那亞聯盟，計畫征服西西里王國。根據聯盟規定：所有成員不能單獨媾和；所有戰艦在交戰中必須在船艉同時懸掛雙方的旗幟，在左舷懸掛威尼斯的聖馬可旗幟，在右舷則懸掛帶有聖喬治圖案的熱那亞旗幟。

有意思的是，這場戰爭還沒有開始前，教皇國[4]、威尼斯和熱那亞就在瓜分他

3　一二二七—一二四一年在位，十三世紀最有影響力的教皇之一，有《教會法典》一書傳世。

4　七五四—一八七〇年九月二十日，由羅馬教皇統治的政教合一的君主制國家，位於歐洲亞平寧半島中部，與神聖羅馬帝國有著密切關係，是當時歐洲最有影響力的國家之一。

們認為有價值的區域了，就像「在殺死熊之前，人們就開始瓜分熊皮了」一樣。

教皇國，特別是額我略九世恨透了西西里王國國王腓特烈二世，這位國王同時還是神聖羅馬帝國皇帝和耶路撒冷的國王——這應該不是表面的嫉妒和宗教原因，他曾懷疑腓特烈二世對信仰懷有二心，早在一二二七年就宣布判處他絕罰。腓特烈二世辯稱絕罰無理，本人絕沒有二心，同時他還譴責羅馬教廷。這事似乎不了了之，但腓特烈二世以受絕罰之身擅自發動十字軍東進，在攻下賽普勒斯後就耶路撒冷問題同埃及、蘇丹進行單方面談判。這下徹底激怒了額我略九世，教皇遂決定透過宗教名義除掉這個不可一世的傢伙，以便奪取腓特烈二世擁有的成果；威尼斯對亞平寧海岸的巴列塔（Barletta）等地特別感興趣，希望能得到它們；熱那亞則覬覦西西里的錫拉庫薩已久。這三個國家各自的利益原本是不合的，沒有想到爭論不休的它們竟然破天荒地聯盟起來了。於是，各自的事情就這樣「順理成章」地演變成一個聯盟去對付一個島國了。

聯盟一旦形成，就會對西西里王國形成巨大的威脅。額我略九世的計畫是：利用聖靈降臨節[5]的時機，在羅馬召開一次慶祝集會，到那時諸侯們就可以決定廢黜帝王。很明顯，額我略九世是想利用宗教的名義排擠掉腓特烈二世，但這消息不脛而走，被腓特烈二世知道了。

為了阻止這幫教徒參會（從法國南部或義大利北部乘船前往羅馬的會議參加者），腓特烈二世專門布置了一道海上封鎖線。可是，要對一定海域實行封鎖並不容易，它需要一支較為強大的艦隊，以及對海權的掌控能力。對西西里王國來說，這是頭一遭，之前沒有，之後也不會有——動用全國之力設置一道封鎖線，僅僅是為了俘獲搭載著神職人員的戰艦。

§

一二三九年的夏天是不平靜的，教皇額我略九世與熱那亞、威尼斯聯合意圖征服腓特烈二世統治下的西西里王國。一二四〇年，在羅馬召開的宗教大會上，教皇額

5　也叫五月節，被定於復活節後的第五十天，據《新約聖經》載，耶穌復活後第四十日升天，第五十日差遣聖靈降臨，門徒在領受聖靈後就開始傳教。

我略九世呼籲對「不聽話、任性妄為」的腓特烈二世給予嚴厲的絕罰。這是一種針對神職人員和教徒的重大處分形式，即教會將某人從信徒團契（源自《聖經》中「相交」的說法，指上帝與人之間、基督徒之間相交的親密關係）中排除，不許他參加教會的聖禮，剝奪他作為教會成員的權利。

腓特烈二世得知此消息後，遂開始考慮應對之策。譬如，如何將西西里王國的艦隊投入到這場表面看是一場「宗教紛爭」的戰爭當中？這場戰爭從戰略上該如何布局？對他而言，他現在所處的境況實在是太糟糕了：如果將艦隊一分為二，當然可以從戰略上做到較好布局，兩支艦隊可以在被義大利狹長半島所分割的威尼斯、熱那亞的海岸和據點巡邏。可是，這樣一來，艦隊的實力就會因此大打折扣。如果選擇建立同盟，譬如讓比薩人去進攻熱那亞，自己則將整支艦隊全部集中在威尼斯的水域進行備戰，同樣會面臨一個問題：比薩人若是失敗了，豈不是腹背受敵？如果將整支艦隊與比薩艦隊混合在一起，組成一支力量更強大的聯合艦隊共同對付兩個海軍大國之中的一個呢？也還是會面臨一個問題：如何封鎖海岸線？

經過深思熟慮，腓特烈二世決定將戰場放在亞得里亞海。因為，亞得里亞海屬於地中海的一個大海灣，在義大利與巴爾幹半島之間，其沿岸有許多港口，威尼斯也在其中。同時，它還是歐洲南部通往地中海、大西洋和印度洋的重要通道。為了在這裡挑起事端，腓特烈二世想了一個比較有意思的辦法，他讓擁有豐富作戰經驗的尼古拉．斯皮諾拉（Nikola Spinola）率領幾艘槳帆戰船從事私掠活動。一二三九年間，斯皮諾拉進行的私掠活動效果顯著：成功俘獲了十八艘威尼斯商船。一二四〇年，他又在亞得里亞海伏擊了四艘威尼斯槳帆戰船，俘獲了三艘威尼斯商船。據說，這些商船運載了價值七萬銀馬克的貨物，腓特烈二世賺翻了。當然，他的目的也達到了——如願以償地挑起了事端。

一二四〇年九月，威尼斯人決定給這位狂妄的國王一點顏色看看，在總督雅科波．提埃坡羅（Jacopo Tiepolo）[6]的親自指揮下，一支實力強大的威尼斯槳帆戰船艦隊出現在亞平寧海岸邊，這次行動的目的在於「以其人之道還治其人之身」，專門捕捉和洗劫腓特烈二世的商船。不久，有兩艘滿載人員和財寶的商船遭了殃。在布林迪西（Brindisi），威尼斯槳帆戰船艦隊燒毀了一艘從耶路撒冷聖地朝聖回來的

6　一二二九—一二四九年在位，出身於威尼斯共和國的望族之一提埃坡羅家族，這個家族與丹多洛家族並稱，雅科波．提埃坡羅是第四十三任威尼斯公爵。

船隻。威尼斯人還不解氣，將整個亞平寧海岸都置於緊張狀態，洗劫了諸多港口，像泰爾莫利（Termoli）港在被洗劫之後，還被付之一炬。滿載戰利品的威尼斯艦隊得意地回到了自己的潟湖城。

腓特烈二世憤怒不已，伺機報復。他一直盼望著十月到來，因為那時候亞平寧海岸將進入秋季，暴雨頻發，他可以利用這樣的惡劣氣候實施瘋狂的劫掠。於是，這個帝王的形象再次被人定格為暴君。就在三年前（一二三七年），他俘獲了威尼斯總督雅科波・提埃坡羅的兒子彼得羅・提埃坡羅（Pietro Tiepolo），出於報復的另一種方式，殺死敵人至親之人會讓他內心更為滿足。這個可憐的總督之子就這樣被絞死在特拉尼海岸的一座塔樓上。選擇這個地點，主要是為了讓過往的威尼斯商船能看到這一幕。不過，有學者認為這個故事是編造的。無論這個故事是真是假，從腓特烈二世晚年的種種行為表現來看，他的確是一個暴君。

我們可能很難相信這樣一個精通七種語言（德語、法語、義大利語、拉丁語、希臘語、希伯來語和阿拉伯語）的君主是個暴君，很多時候，他給人的印象不是一位君主，而是滿腹經綸的學者。因此，腓特烈二世也被後人視作一個具有多面性的富有爭議的帝王。

一二二四年，他在西西里創辦了那不勒斯大學和一所詩歌學校。他本人也寫過一部詩集《獵鳥的藝術》，還把西西里的法律編成法令集。他非常重視自然科學的傳播和研究，將伊斯蘭學者掌握的知識引進到西西里。在這個過程中，他做了一些試驗（據說是人體實驗），因此外界認為他是一隻披著羊皮的狼——當然，也有可能是教皇對他的誹謗。腓特烈二世異常注重帝王的威嚴：他年輕的時候清秀富麗，看上去個性很沉穩；晚年的時候，表情陰沉，似乎對整個世界都充滿憤怒和怨恨。

造成腓特烈二世暴君形象的根源極有可能是他不快樂的童年。他的母親康斯坦絲（Costanza）[7]本是西西里公主。根據薄伽丘在《名女傳》裡的記載，一位叫約阿基姆的卡拉布里亞修道院院長向她的父王羅傑二世（Roger II，一〇九五—一一五四年）預言：如果她結婚，將毀滅西西里。父王相信了，康斯坦絲從小就被關在了修道院裡，成為一名修女。過了幾十年，也許是人們忘記了那個預言，這時的康斯坦絲已經三十二歲了。因政治原因她嫁給了亨利，即後來的亨利六世（Heinrich

7　一一五四—一一九八年，曾為西西里執政女王。

VI）[8]。婚後的她一直沒有孩子，直到四十歲才懷上，此時外界流言四起，人們似乎又想起了那個可怕的預言。為了阻止這個預言應驗，有人誣陷說她把一個屠夫的兒子調換成了皇子，這對靠血緣世襲的西西里王室而言是十分危險的。一一九四年十二月二十六日，康斯坦絲在趕往西西里的途中生下了孩子。為了證明這個孩子是正統的，她在耶西（Iesi）的市集上搭起了帳篷，允許鎮上年長的已婚婦女觀看自己分娩。可想而知，作為一個母親，她當時的心裡有多麼悲痛。

幼年的腓特烈二世是在不受重視甚至是歧視和虐待中（曾流浪在街頭，依靠一些好心人施捨飯食而活）度過的，沒有人關心他，有時候連吃飯都成問題（說法不一，教宗應該是派遣了教會人士對他的飲食起居、教育進行專項負責，看似他不願意接受教會給予的管教，從而有流浪巴勒莫街頭的事情發生）。悲慘的童年生活讓他變得只相信自己，極端地自我和世故。

十五歲那年，腓特烈二世被迫與大他十歲的寡婦——阿拉貢王國的公主康斯坦絲

8　一一六五—一一九七年，神聖羅馬帝國皇帝、西西里國王。

結婚。

一二一四年，因鄂圖四世（Otto IV von Braunschweig）[9]在一二一七年七月二七日的布汶戰役[10]中慘敗，這使得腓特烈二世有機會成為神聖羅馬帝國皇帝（康斯坦絲於一一九八年九月二十七日去世，她請求鄂圖四世保護自己的兒子）。事實上，腓特烈二世與教皇的矛盾很深，鄂圖四世不喜歡腓特烈二世，只想控制他、利用他，因為他一度想入侵西西里。一二三四年，教皇支持腓特烈二世的兒子，也就是德意志國王亨利七世反對自己的父親。腓特烈二世很快就平定了這場叛亂，並廢除了兒子的王位，把他終身監禁在義大利的監獄裡。腓特烈二世成為西西里王國國王的時候，他經常說自己最愛的是西西里王國，他還說自己這一生遭遇太多。事實的確如此——他一生對女色、征伐有著極為強烈的欲望。據傳說，在他去世的時候，

9 一一七五—一二一八年，德意志國王，神聖羅馬帝國皇帝，著名的獅子亨利之子，與腓特烈二世有淵源，詳情可參閱韋爾夫家族譜系及爭奪王位的歷史。

10 中世紀法蘭西王權擴張中的一次重要戰役，起因則源自英格蘭國王和法國卡佩王朝國王之間的權利爭奪，相關內容可參閱「諾曼征服」這段歷史。布汶戰役標誌著金雀花—卡佩王朝戰爭結束，相關歷史可參閱丹．瓊斯的《金雀花王朝》一書。

惡魔把他的靈魂從埃特納火山口帶往了地獄。

這樣看來，我們或許能夠理解為什麼在基督山島海戰中，腓特烈二世一定要俘獲搭載著神職人員的戰艦了。當那個以創立異端制裁所、維護教皇特權而著名的額我略九世要對腓特烈二世實行絕罰的時候，這個人的心裡一定是異常憤怒的。

§

腓特烈二世的艦隊有著不一樣的特質。簡單來說，它們由多種艦船組成，分別擔任不同的角色。長船和圓船的作用顯而易見：前者因在航行中阻力較小，具備速度上的優勢，它主要用於作戰；後者則用於運輸貨物，有時也可用作兵力輸送。

腓特烈二世的艦隊是地中海最有名的一類船，因此腓特烈二世特別青睞它。這是十二世紀末發展起來的一種槳帆戰船，屬一列槳，具備靈敏、迅速的特點。船艏的特點最大，它是向外突出、終端呈尖刺狀的裝置，在航行中，它乘風破浪般地昂立在水面上。一列槳戰船裝配了桅杆和風帆，這是動力之一，更主要的動力來源於大約一百支船槳的驅動。每一支槳分別由一名槳手操作，他們成對地坐在橫貫船身的座板上。這種划槳方式和近代前期的槳帆船的划槳形式有區別，後者在一層槳座上增加了多名槳手，他們同時操縱一支槳。另外，這種槳帆戰船還配備了各類人員，負責掌舵、卷帆和操縱帆索、錨索。與前者的相對單一相比，後者的分工、協作更完善。對於前者而言，雖然沒有具備後者的眾多優勢，但它船艏的尖刺如前文所述是抬出水面的，配備的槳手也更少，給作戰人員留下了更為開闊的空間，使用的是帶三角帆的拉丁式帆具。簡而言之，它與拜占庭的一層划槳戰船具有很大的相似性。

形式上的變化並未改變駕駛船隻的原理——中世紀的槳帆戰船和古代的單、多層槳帆船都一樣，它們都是利用側舵進行航行，船舵的形狀與槳有著較大的相似性，就像今天的划艇所使用的一樣。舵被安裝在船艉的一側，由一根纜繩上下牽引著。值得一提的是，當時北方地區的船隻一般都使用右舷的獨舵航行，而在地中海地區，人們喜歡使用同時安裝在左舷和右舷的雙舵。無論是使用單舵還是雙舵，槳帆戰船都具有一個致命的弱點——當海上刮起側舷風時船隻會發生傾斜，從而讓舵葉抬高到水面之上，而操作船槳的槳手也會因此消耗許多能量。如果側舷風或者海上風暴更為猛烈，就極有可能損壞船舵。這一致命問題在很長時間裡都沒法解決，直到加入了位於船艉中間位置的尾舵，並在舵上包上青銅或鐵皮後才得以緩解。不過，這已經是十三世紀了——聰明的斯堪的納維亞人想出了這樣先進的改良方法。在地中海地區，將近兩百年後才出現有尾舵的槳帆船。

雖然腓特烈二世艦隊的驅動力和古代戰船沒有什麼區別，但是這支艦隊的航行速度很快。一個重要的原因在於，採用長船的船體造型設計的同時增加了槳手的人數，並提高了划槳的頻率。因此，腓特烈二世的艦隊在與熱那亞人的戰鬥中能夠輕易地甩開敵艦。按照槳帆戰船的標準形制，其長約四十公尺，吃水深度一．五。那麼，在很短的時間內，一隊熟練的槳手——比如腓特烈二世艦隊的槳手——就能夠透過提高划槳頻率的方式，讓艦船的速度達到十節。也就是說，與當時的商用槳帆船相比，其速度快了三倍。

地中海的槳帆戰船在很大程度上承載了古希臘和拜占庭帝國的造船藝術。這些槳帆戰船有許多相通之處，唯一的區別在於船身的大小和槳手的數量。槳帆戰船的船型越大、船身越堅固，就意味著自身的重量越大，速度趕不上常規的槳帆戰船。這種船用於運載貨物時有較大優勢，但是對熱那亞人來說就是一個劣勢了。在那個時代，人們習慣將較大的槳帆戰船稱為「塔利登」（Tariden），配備的槳手一般超過八十人；比較小的船稱為「蓋倫」（Galion），配備的槳手一般在六十到八十人之間，屬於海盜比較青睞的船型；船型再小一些的稱為「撒吉塔」（Sagitta），配備的槳手一般為四十名，兩側各二十名，這種船型在海上行駛速度極快，誇張點說，行駛如飛，可用作傳令船和偵察船。腓特烈二世的艦隊普遍採用第二種船型，這意味著在機動性和接舷戰方面具有較強的優勢。

實際上，在那個時代的海上作戰，槳帆戰船本就是為進行接舷戰而設計的。為了提升航行速度，普遍採用的方法是船上配置大量槳手，但因此占據了較大的空間，使得運載能力降低了許多。對於運載貨物而言，人們更喜歡拉丁式的帆具或三角帆的圓形凸肚船，這種帆具及船型在順風行駛的時候具有很好的適航性，如果採取蛇形前行，許多時候可以不用划槳，其航行速度也能達到三到五節。這一優勢非常適合遠距離航行，因為它將大大減輕槳手的壓力，給槳手更多儲存體力的時間。以白天和夜晚為例，白天這種船的航程可以達到五十到六十海浬，晚上若繼續航行的話，可以航行雙倍的路程。從十一世紀到中世紀末期，這種船在歐洲得到廣泛應用，在十字軍時代用於運輸十字軍的船型也是它。當時的西西里王國，實力最雄厚的時候擁有六十艘槳帆戰船，這也是腓特烈二世敢於同聯盟艦隊作戰的重要原因之一。如前文所述，這支艦隊由多種艦船組成，如果各自配合得當，其作戰效果將大於六十艘槳帆戰船本身所具備的戰鬥力。

當時的西西里王國擁有許多造船廠，比較重要的造船廠分布在布林迪西、那不勒斯、墨西拿、阿瑪菲（Amalfi）[11]、薩萊諾（Salerno）。建造艦船需要大量資金，為此，腓特烈二世在神聖羅馬帝國全境徵收用於建船的賦稅。造船所需的木材、瀝青和鐵等物資也全部實行嚴格管理，由國家壟斷經營，不允許私人販賣。對腓特烈二世來說，他必須舉全國之力，並在宏觀調控、組織和調配上進行強化。

為了這次「神聖的海戰」，他已經盡了最大的努力了。

腓特烈二世深知自己不具備卓越的指揮艦隊作戰的才能，他把這支幾乎耗盡國家財力物力的艦隊的指揮權交給了海軍將領。在他統治時期，有三位重要的海軍將領，他們分別是馬爾他伯爵亨利（恩里科）·佩斯卡托（Enrico Pescatore，但這並非他的真名，Enrico在義大利語中是亨利的意思，Pescatore是漁夫的意思）、尼古

11　當時的地中海商業中心之一，位於薩萊諾灣畔，那不勒斯南方，曾是阿馬爾菲航海共和國的首都。

拉．斯皮諾拉和安薩爾多．德馬里（Ansaldo de Mari，西西里海軍司令）。這三位海軍將領都能征善戰，經驗豐富。譬如安薩爾多海軍上將，他在一二四三年就獲得了腓特烈二世授予的神聖帝國旗幟，被稱為「西西里王國和神聖帝國的海軍上將」。亨利．佩斯卡托甚至還被官方默許進行海盜活動。這些優秀的海軍將領均得到重用，擔任艦隊司令，被賦予廣泛的權力（最大的權力當數對艦隊成員的司法權）。從這一點看來，腓特烈二世在「皇帝政權的組織程度上遠遠地走在了那個時代的前面」，而其他的歐洲國家，至少在幾百年後才擁有這樣的特質。這樣一支艦隊，在多次遠征的行動中，取得了不俗的戰績。

現在，腓特烈二世將利用這支艦隊捍衛自己的皇權，並在一二四一年做一個了斷。

02

新艦隊大殺四方

很長的時期內，至少持續到十六世紀初期，地中海一直是古代和中世紀歐洲最重要的核心地區。人們發現新大陸之後，對世界的格局才有了更加明顯與直觀的認識，將視野拓寬到大洋。對於環地中海國家而言，它們將地中海看作是一個內海，因此，這些國家之間的交往也有了更多的可能。

古代的貿易線路伴隨地中海及周圍區域的相互交流合作而不斷拓展，因為商業貿易的滋養，一些城市變得實力雄厚。除了鄂圖曼帝國和拜占庭帝國，前者依賴信仰的力量、先進的知識體系、連貫東西的地理特性以及善於經商的民族傳統，一度成為沙漠強國，儘管也曾一度稱霸於海上，但並不具備成為一個海洋國家所需的主要特性，況且在一五七一年的勒班陀海戰中就已經看出了這個帝國的力不從心；後者在中世紀初期和中期依賴神奇的「希臘火」成為海上強國。

自西元一〇〇〇年以來，地中海延岸還誕生了一些海軍強國，這當中最有名的當數亞平寧海岸上的商業城市，像威尼斯、熱那亞、比薩（Pisa）[12]或者阿瑪菲。這些新興的經濟中心具有超強的生命力，從中世紀中期一直延續到近代前期，它們在地中海嶄露頭角，擁有高效的強大艦隊。以威尼斯為例，作為腓特烈二世時代的海上強國，威尼斯早在一二〇四年就攻下了具有堅強壁壘的拜占庭帝國首都君士坦丁堡（十字軍的協同作戰也是重要因素）。

就海戰而言，直到近代早期，應該沒有出現過在技術和組織水準上能趕超地中海地區的強大海洋國家。因此，發生在一二四一年的基督山島海戰，實際上是海洋強國之間角逐的產物。這與前文所述的僅僅是為了「俘獲搭載著神職人員的戰艦」並不矛盾。因為從戰爭的表層意義來講，腓特烈二世是出於保住自己的帝王權力；從戰爭的深層次來講，新的競爭者出現，便會給老牌強國以壓力，而這壓力可能比之前都大。畢竟，被稱為「海上戰狼」的維京人在較長一段時間裡就是稱霸海洋的「弄潮兒」。與西西里王國有著密切關係的例證當數維京民族當中的坦克雷德（Tancred）家族。當時，人們把所有向西歐、南歐發展的斯堪的納維亞人稱作「諾

12 位於佛羅倫斯西北方向，是當時的重要商業中心之一，曾以強大的海上共和國的形式存在。

曼人」，諾曼人在十二世紀就開始嶄露鋒芒，他們在九—十世紀期間是以劫掠為主的狼性水手，四處入侵，這種海盜式的行徑可謂臭名昭著。在坦克雷德家族中出現了不少非常厲害的人物，其中有一位叫羅傑一世，他征服了當時還在阿拉伯人手裡的西西里，雖然在他一一〇一年去世了，但他的兒子羅傑二世依然厲害，成功地兼併了義大利的諸多小國，並於一一三〇年透過教皇阿納克萊圖斯二世（Anacletus II，一一三〇—一一三八年在位）將西西里提升為一個王國。經過發展，西西里王國疆域得到了較大的拓展，包括西西里島和陸上領地，後者的範圍幾乎囊括了整個義大利半島南半部。

現在，西西里王國遭到了挑戰。

威尼斯和熱那亞是新興的海洋帝國，它們依靠港口城市、島嶼據點、代理商號組成的貿易網路，在商品和貨物的流動方面具有強大的競爭力。這一點，我們從後期誕生的海洋強國葡萄牙、荷蘭身上也能體會得到。當威尼斯、熱那亞的經濟實力非常雄厚的時候，它們越來越感受到擁有強大的政治力量是多麼重要。事實的確如此，這些由海上誕生的帝國憑藉其強大的經濟實力和貿易網路，將它們的權力及影響力推廣到世界範圍。

技術知識和實踐能力也讓威尼斯、熱那亞這樣的新興海洋強國具備了打造一支強大艦隊的潛力。一旦自身的利益遭受到威脅和破壞，那麼，在訴諸武力解決的時候就可以派出裝備完整的艦隊出海。威尼斯兵工廠擁有當時世界上非常先進的造船體系，它分工明確精細，讓人驚歎。對此，我們可以從詩人但丁的《神曲》中找到印證：「如同在威尼斯人在冬季的造船廠裡，熬煮堅硬的瀝青。這些瀝青用來塗抹他們那些磨損的舟楫，因為在那個季節，他們無法去航海。既然如此，有的人就在製造自己的新舟，有的人則修補航行過多的船舶的兩側；有的人在加固船艉，有的人在加固船頭；有的人在做船槳，有的人在卷船纜；也有的人在縫補前帆和主帆。」

海洋的不平靜就如同海洋的氣候一樣，一二三九年夏天的那次事件註定不會風平浪靜：教皇試圖透過與熱那亞、威尼斯聯合征服腓特烈二世統治下的西西里王國。因此，對這位國王來說，如何統治並保衛它成為當務之急。最好的辦法就是擁有一支艦隊，這樣才能護衛西西里王國擁有的漫長海岸線，而且這個國家與地中海南部經濟區之間的聯繫也需要艦隊來維持。縱觀西西里王國的歷代諾曼國王，他們大都具備天生的海洋能力，同時也為打造一支強大的艦隊而努力著。

一一九四年，一支西西里王國傾力打造的艦隊到了腓特烈二世巴巴羅薩（Frederick Barbarossa，一一五二－一一九〇年在位）的兒子亨利六世的手中。一一八六年，亨利六世與西西里王國的公主康斯坦絲結婚，這場婚姻的結果就是有了那個可憐的孩子，即日後的腓特烈二世。大概是耳濡目染，年輕時候的腓特烈二世就想打造一支更為強大的艦隊，他還多次登上槳帆戰船，跟隨艦隊完成了若干次航行。一二二八年夏天，他登上艦船，從布林迪西出發，途經賽普勒斯前往朝聖地麥加。第二年，他從海路返回。

曾有人稱他為「航海者腓特烈二世」，可見這位國王對艦隊的重視程度超過了他的祖先諾曼人。在腓特烈二世的先輩時代，如果要採取海上行動，就只能從海軍強國那裡租借艦船。現在，到了腓特烈二世時代，透過稅收得來的巨額收入讓他有信心打造出一支實力強大的艦隊。這支艦隊經歷了幾任艦隊司令，到安薩爾多擔任艦隊司令的時候，國王的底氣更足了。

就這樣，第勒尼安海上的海戰終於拉開了序幕。

§

為了增加勝算——畢竟像威尼斯、熱那亞這樣的海軍強國實力不容小覷——腓特烈二世打算與盟友比薩人的艦隊聯合作戰。一二四一年年初，二十七艘槳帆戰船駛往比薩，與那裡的艦船會合後組成了一支全新的艦隊。隨後，這支艦隊駛向厄爾巴（Elba）島以南的海域，並在這一海區實施封鎖，切斷了大陸與基督山島之間的海路聯繫。

一二四一年四月二十五日，近三十艘裝備良好的槳帆戰船從熱那亞的港口出發。這次出行與以往有所不同，船上除了作戰人員，還搭載了一百多名教士。這些教士來自不同的國家和地區，以法國、西班牙、義大利北部地方為主，成員中有大主教、主教、修道院院長，以及兩名充當教皇使節的紅衣主教。在幾週前，熱那亞人從尼斯（Nice）將他們接過來，並在自己的城市裡招待了他們一番。現在，他們打算繼續出發去羅馬參加宗教大會。按照額我略九世的想法，利用宗教的力量將那個不聽話的任性國王除名，繼而孤立他。而腓特烈二世試圖透過一場海戰阻止教士前往羅馬參加宗教大會的舉動，顯然是有些愚蠢的。首要的一點是，發動這場戰爭的理由不夠充分，無論勝利與否，都對西西里王國，尤其是國王本人，沒有什麼益處。不過，國王並沒有意識到這一點，至少從他的個性和行動來看如此。

從熱那亞港口駛出的艦隊首先沿著海岸線航行到韋內雷港（Portovenere）。在這裡，艦隊司令賈科博・馬婁切羅（Giacobo Malocello）才得知腓特烈二世的艦隊和比薩人的艦隊聯合了，通往目的地的航線也被封鎖了。作為艦隊司令，他應該具備能聽取屬下建議的心胸，但是馬婁切羅並沒有聽取屬下的多次警告，反而一意孤行選擇走最近的航線，甚至不願意等來自熱那亞的援軍抵達再行動。現在，他的艦隊會面臨致命的危險：如果不繞過敵方艦隊設伏地點，就只能選擇駛向奇維塔韋基亞（Civitavecchia）港，艦隊抵達此處後，就能受到這座良港的庇佑。要是腓特烈二世的艦隊在馬婁切羅率部抵達此港之前就設伏攔截呢？其面臨的危險是無法輕易忽略的。因為馬婁切羅的艦隊正好處在敵方船艄撞角的正前方——中世紀的海戰中，撞角的作用是比較重要的。

馬婁切羅固執地按照自己設定的路線航行，可能是考慮到艦隊航行時間和天氣狀況的因素。海上作戰，有一種先機叫作「誰先發現了對方」，而海戰史上，由於彼此都沒有發現對方，因而避免一場大戰的例子也不是沒有。像一九四二年的阿留申

（Aleutian）群島戰役，日軍就曾趁著濃霧陸續撤離，美軍也未察覺到日軍在撤退，暫時避免了一場大戰。在那個時代，因受到天氣狀況的干擾，人們未必能在地平線上發現什麼。從物理學上講，這是地球的曲面造成的，它限制了觀察物體的最大可視距離。如果是在有大霧的情況下，這種可視距離還會縮小。就算是已經裝備了更為先進設備的現代艦船，我們也只能在十到二十海浬外剛剛看見高高的艦橋，而船身卻是隱沒在海平面以下的。假設我們作為觀測者站在一艘甲板高度只有兩公尺左右的槳帆戰船上，我們只能看到大約四海浬遠的地方，這個距離差不多有七公里。實際上，當我們置身在海上觀察船隻時，這個距離還要乘以二，因為被發現的船隻的船身和風帆也是高出海平面的。而且，「當觀察者所在的位置距離水面越高，那麼在桅杆頂端瞭望敵情的視野也就越遠」。如觀察者在十公尺的高度進行觀察，他能看到的距離大約是六海浬，相當於十一公里左右。

這就是說，馬婁切羅估算了艦隊到達奇維塔韋基亞港的時間，而這個時間點出現大霧的可能性極大。那麼，他就可以讓艦隊神不知鬼不覺地穿過濃霧。只要艦隊進入奇維塔韋基亞港，一切就都安全了，因為接下來的一些港口諸如波佐利（Pozzuoli）、那不勒斯等都在熱那亞或者盟友的掌控中。

另外，他必須讓艦船上的神職人員如期到達羅馬，若是選擇其他路線當然安全，但一定會花費更多的航行時間。更何況，像熱那亞這樣的海軍強國，似乎沒有必要把腓特烈二世艦隊的危險係數看得有多高。

§

一二四一年五月三日，這天是星期六，也是教會紀念發現「真十字架」[13]的日子。馬婁切羅率領的艦隊在海上航行了八天，這天清晨如他預測的那樣，海面被層層濃霧籠罩著。艦隊距離奇維塔韋基亞港只有五十多海浬了，然而，在晨霧中出現了誰也沒有想到的場景：兩支艦隊都發現了對方，在基督山島和吉廖（Giglio）島之間，兩者相距僅約三十海浬。

馬婁切羅顯得有些吃驚，他沒有想到腓特烈二世的艦隊會出現在這裡。看來，想

13 基督教聖物之一，據說是釘死耶穌基督的十字架。真十字架是耶穌為人類帶來救贖的標誌，在羅馬天主教聖人曆中，五月三日的尋獲十字聖架的瞻禮、九月十四日的光榮十字聖架瞻禮均是為此而設。

從橫亙在面前的敵方艦隊中間悄無聲息地溜過去已不可能了。

當熱那亞的艦隊正處在基督山島與吉廖島之間時，腓特烈二世艦隊的司令官早已命令艦隊做好了戰鬥準備，並率先發動了攻擊。

一場海戰就這樣開始了。從時間上看，正好是上午九點。

熱那亞作家巴薩羅繆（Bartholomew）描述了他的祖國艦隊失敗的過程。很奇怪的是，他對這次海戰的描述極為簡潔，彷彿不願意多說一句似的。大概是他認為熱那亞艦隊的慘敗極不光彩吧。「當他們（熱那亞）在一個不幸的時刻繼續他們的航行，結果在吉廖島以北的比薩海域……皇帝（腓特烈二世）手下的二十七艘槳帆戰船——他們的司令是馬里的安薩爾多的兒子安德羅魯斯——還有許多艘比薩人的槳帆戰船和小帆船，另外還有一些薩沃納的『撒吉塔船』，（它們）一起向我們的艦隊撲來。並且，由於我們運氣不佳，他們在開始的戰鬥中就占了上風。」巴薩羅繆描述的海戰過程實在是太簡單了，幾乎對海戰本身隻字不提，並將失敗的主要原因歸結到「運氣不佳」，顯然是在刻意回避失敗的真相。[14]

關於這場海戰的記載的確很少。我們幾乎只能知道上午九點戰鬥打響時，戰局對腓特烈二世的艦隊並不是有利的——從這點來看，熱那亞人輕視西西里王國的情緒是存在的，這也印證了前文所述的馬斐切羅的固執己見不是憑空臆測。因為有三艘作為前鋒的槳帆戰船竟然被熱那亞人跳幫或擊沉了。

不過，戰局很快發生了變化。腓特烈二世的艦隊趁著大霧，採取逐個擊破的策略，一艘接著一艘地擊敗了熱那亞人的戰船。

實際上，這樣的海戰只能叫作「船上的陸戰」，特別是在中世紀，海戰大都如此。那時候的作戰地點雖然在海上，但未涉及戰船的戰術動作。交戰時，距離較遠的時候常用弓箭互射（中世紀的海戰中，船一般不作為武器，即便有撞角存在，很多時候未必就發揮了作用，船更多的是作為運輸軍隊和發射箭矢的平臺使用）；雙方船隻靠攏時，則強行登船，像陸上作戰那樣進行廝殺、搏鬥。即便到了一三四〇年，

14 引文轉述自阿爾內·卡爾斯滕和奧拉夫·拉德的《大海戰：世界歷史的轉捩點》。

在英法百年戰爭期間發生的斯魯伊斯海戰（交戰雙方是愛德華三世率領的英國艦隊、法王腓力六世率領的熱那亞－法國艦隊）也是如此。

這次海戰以腓特烈二世的艦隊大勝而結束，教皇額我略九世與熱那亞、威尼斯的聯合艦隊一共損失了二十二艘船。其中，有三艘被敵方水手從底部鑿穿，包括貝桑松的大主教在內，許多船員和乘客被淹死了。最後只剩下五艘槳帆戰船和少數小一些的船逃回了熱那亞，真可謂是新艦隊大殺四方。

03

賠上全部身家

令人奇怪的地方在於，這場發生在第勒尼安海上的海戰竟然被歷史學家們「遺忘」了，如同刪除的記憶一般。即便有些零散的記載，大都言之不詳。如今，我們想要知道這場海戰的細節，首先參考的史料就是《熱那亞年鑒》。這是一部在城邦的委託下由一些學者按照年份記錄下的簡史。需要說明的是，這份歷史年鑒因為需要在一些場合進行公開朗讀，因此，對史料的加工是必不可少的。也就是說，它美化了熱那亞，也美化了這場因為「運氣不佳」而失敗的海戰。最讓人吃驚的是，腓特烈二世在這部編年體史書中被刻畫成了一個道德極其敗壞，對教會極度危險的恐怖分子。他不但毫無道德可言，還使用卑鄙的手段從熱那亞招募了優秀的海員，並從中任命最厲害的人擔任海軍將領。當然，在刻意塑造這樣的人物形象的同時，也褒揚他的遠航事蹟——顯然，這是多麼具有諷刺意味啊！

參與《熱那亞年鑒》編寫的學者如巴薩羅繆，對這次海戰的敘述是如此之短，對海戰本身也是隻字不提。因此，他的描述只能做一些參考。生活在一一六五—一二四四年的聖傑爾馬諾（San Germano）編年史學家理查（編寫了一一八九—一二四三年間西西里王國的歷史）對這次海戰也有描述，同樣讓人奇怪的是，他的描述更短，只有一句話：「在皇帝（腓特烈二世）的艦隊和熱那亞人的艦隊之間發生了一次海戰，被俘虜的教士們被送到了比薩。」要知道，在一一八六—一二三二年間，理查曾擔任「義大利中部城市聖傑爾馬諾和蒙特卡西諾的官方公證人」，而且他本人還是腓特烈二世的財政管理人員。因此，他不但應該對這段時期的歷史比較瞭解，還能做到實事求是。但讓人遺憾的是，他的記載只能告訴我們這次海戰的結局。

還有一些歷史學家記載了這次海戰，不過只有那麼一兩位。一位是在倫敦附近的聖阿爾班本篤會修道院的僧侶羅傑，他死於一二三六年。另一位是馬修．帕里（Matthew Paris）[15]，也是來自聖奧爾本斯（St Albans）本篤會修道院的一位僧侶，

15 約一二〇〇—一二五九年，英國編年史作家。

記載了這次海戰的前因。這兩個人的作品關聯十分密切，反映了中世紀歐洲的重要歷史，具有很重要的參考價值。馬修．帕里對基督山島海戰的描述相對比較詳細。他這樣描述道：「海因里希聽從了上帝的命令，並向熱那亞人——當時他們正滿不在乎地運送教皇使節和神職人員——派去了二十艘裝備良好和堅固的新戰艦，並投入經驗最豐富的海員，由海軍上將斯托里烏斯指揮。在一場血戰之後，比薩人——他們在海因里希的特殊命令下，由斯托里烏斯率領，就像一道閃電一樣投入了戰鬥——戰勝了熱那亞人。」[16]

依據德國歷史學家阿爾內．卡爾斯滕和奧拉夫．拉德的觀點，「馬修在他的記載中虛構了一些細節」，譬如「海因里希，他的一個更加著名的義大利語名字是『恩齊奧』（Enzio），而他作為腓特烈二世的兒子和撒丁國王，並沒有參加這次海戰。儘管如此，他卻奇怪地在一系列記載中被當成了所謂的艦隊司令。而名叫『斯托里烏斯』的奇特的海軍上將，或許是馬修從皇帝致英格蘭國王的一封信中讀到的，並

16 引文轉述自阿爾內．卡爾斯滕和奧拉夫．拉德的《大海戰：世界歷史的轉捩點》。

且他顯然不清楚『stolium』意指整個艦隊，而不可能是艦隊司令的名字。另外一個嚴重的混淆也許可以和上述錯誤相提並論，那就是馬太還提到了一名叫『弗里德里希』的海軍上將或稱成『艦隊的海因里希』」。

在義大利編年史學家喬瓦尼・維拉尼（Giovanni Villani）[17]的作品中，一幅名為《海上的皇帝之子》的畫向我們描述了這樣的內容：「參戰的槳帆戰船幾乎沒有槳，而是只有桅杆和帆；飄揚著鷹旗的神聖羅馬帝國帆船與以鑰匙為紋章的教皇國戰船展開了戰鬥。腓特烈二世的兒子恩齊奧下令強行登上敵船並命令將恐懼的教士們推下船。不過，這個『私生子』（維拉尼如是稱呼他）其實並沒有參加一二四一年的基督山島海戰。」[18]

透過上述內容，我們可以獲取到一些較為有用的資訊。正如前文所述，海戰的失敗原因中有熱那亞人的嚴重輕敵，艦隊中除了作戰人員，還有其他非作戰人員，

17 一二七六—一三四八年，義大利佛羅倫斯的銀行家、外交官、編年史學家，主要作品有《佛羅倫斯編年史》。

18 引文轉述自阿爾內・卡爾斯滕和奧拉夫・拉德的《大海戰：世界歷史的轉捩點》。

這勢必會對戰事產生不利影響；勝利的一方以「閃電般」的速度投入了戰鬥，雖明顯有誇張成分，不過也恰好說明了腓特烈二世艦隊設伏成功，並做好了充分準備，他的艦隊航行速度極快，能夠在敵艦做出完全反應前發動猛烈攻擊；在接舷後的戰鬥中，腓特烈二世艦隊的作戰人員士氣高漲，相比敵方戰艦中的人員出現恐懼，這無疑是制勝的重要因素，因為教士們的恐懼一定會引發慌亂，這樣的後果是不言而喻的。

身在西西里王國伊莫拉（Imola）的腓特烈二世在得知勝利的喜訊後欣喜若狂，他當即派出使者向英格蘭國王發去一封勝利的通告信。他說：「自己的攻城器械不僅最終摧毀了背信棄義的法恩扎的城牆，上帝在別的方面也是眷顧他的。至於那個普雷斯特林人（指教皇額我略九世），這個常常切齒痛恨我們的人，我們相信，上帝的法庭已經為他準備好了，這樣他就不能再像披著羊皮的狼一樣誤會上帝會保佑他，而是清楚現在上帝是站在我們一邊了。上帝正坐在他的王座上公正地審判一切，因為他的意志並不僅是透過教會，而是透過王國和教會來引導世界。」西西里王國裡一位叫齊貝里恩的詩人也寫下了熱情頌揚的詩篇：「歡呼吧！帝國，盡情地歡呼吧！在海上，在陸上，教皇倒臺的教訓就在眼前，這場戰爭的結束將帶來怎樣的和平啊！宗教會議的惡毒的舌頭，將在命運之輪前沉默，而亞平寧來的小夥子將建立起世界和平。」[19]

一方面是被刪除的記憶，另一方面，我們從少量的歷史記載中發現了相對詳細、熱情澎湃的記載。造成這樣結果的重要原因在於，霍亨施陶芬王朝的迅速沒落以及南義大利王朝連續性的斷裂，哪怕有詳細的記載，也無法保存下來。更何況，這是一場有著深刻宗教意義的戰爭。對於失敗的一方來說，由多個海上強國組成的強大的聯合艦隊竟然打不過一支新興的艦隊，這是恥辱性的。反之，如果教皇額我略九世如願地打贏了這場海戰，它一定會像薩拉米斯和勒班陀海戰那樣被人們大書特書。

不過，有一個特別重要的問題：對西西里王國而言，基督山島海戰的勝利就真的是勝利了嗎？當一個小國拼盡全力打造一支艦隊的時候，它有沒有想過是否能承擔巨額的費用？畢竟，海戰勝利後，西西里王國並沒有得到什麼實際性的好處，除了榮譽上的——教皇額我略九世陷入了困境，那些預定參加宗教會議的神職人員來不

19 引文轉述自阿爾內．卡爾斯滕和奧拉夫．拉德的《大海戰：世界歷史的轉捩點》。

了了，他的計畫泡湯了。那些被俘虜的教士們先是去了比薩，隨後又被送到了托斯卡納的聖米尼亞托城堡，最後這些人到了那不勒斯，「並從這裡分遣到神聖羅馬帝國所屬的各個城堡」。

編年史學家馬修·帕里描述了教士們被俘後的苦難生活，「疾病和致命的虛弱侵襲著他們，因為在海上航行了太長時間，而且被擠在一起。所有人都患上了難以忍受的熱病，這種熱病扭曲著人身上的肌肉，就像被蠍子螫過一樣。他們又餓又渴，聽憑臭名昭著的水手們擺佈。與其說是水手，還不如說這些人是充滿敵意的海盜。他們遭受的苦難是如此之漫長，但是所有人都在恥辱中忍受著」。[20]

§

20 依據阿爾內·卡爾斯滕和奧拉夫·拉德的《大海戰：世界歷史的轉捩點》中的轉述部分，相關內容可參閱馬修·帕里編著的《大編年史》（*Chronica Majora*），這部編年史除了敘述迄一〇六六年至一二五九年的英國史事，也對歐洲其他國家的某些重要事件亦有記載，是瞭解十三世紀前半期歐洲大事的重要資料來源。

事實的確如此！

基督山島海戰的勝利讓欣喜若狂的腓特烈二世在平靜後感受到陰鬱的籠罩。他本想計畫透過一系列短促突擊讓熱那亞人再次遭到重創，可惜，西西里王國的財政狀況已經不允許他再支持艦隊行動了。

熱那亞似乎沒有受到什麼影響——這場海戰所產生的費用都是由熱那亞公民負擔的，他們本身就很富裕，可以說國家財政幾乎沒有受到什麼損耗。西西里王國則不同了，一場海戰就幾乎耗盡了國庫。對此，我們可以從腓特烈二世對自己的財政官員的陳述中得到證實：「為了裝備幸運的艦隊，國庫幾乎被橫掃一空。」[21]

當然，從短期的戰果來看，腓特烈二世粉碎了以教皇額我略九世為首的，聯合熱那亞、威尼斯對西西里王國的圍攻計畫，西西里王國的安全暫時得到保證。不過，對於腓特烈二世本人來說，他如此任意地利用一支艦隊的力量來反對宗教審判，意味著他開了一個先例。換句話說，他人同樣可以用這種方式去反對他。事實上，他

21 參閱《大海戰：世界歷史的轉捩點》。

的反抗沒有達到最終的效果，因為一二四二年在里昂（Lyon）召開的宗教會議上，他還是被罷黜了。

回到腓特烈二世舉全國之力打造這支艦隊的問題上，透過海戰的勝利，我們可以看出船型、航速、設伏在海上戰爭中的重要作用。換句話說，擁有一支先進的、機動靈活的、實力強大的艦隊就能控制海洋，這也是成為取得戰略性勝利的前提。

然而，更為重要的教訓是：為了控制海洋就組建一支艦隊，而賠上一個國家的全部家當後，這個國家是否還有多餘的財力、物力去支撐、去延續、去發展壯大，尤其周遭還存在著虎視眈眈的強國？

因此，一二四一年的基督山島海戰，不應該成為刪除的記憶，它更應該成為我們銘記的歷史。

海權興衰兩千年 I

從大流士與薛西斯的波希戰爭
到以教皇之名的基度山島海戰

作　　者　熊顯華

發 行 人　林敬彬
主　　編　楊安瑜
編　　輯　高雅婷
封面設計　林子揚
行銷企劃　戴詠蕙、趙佑瑀
編輯協力　陳于雯、高家宏
出　　版　大旗出版社
發　　行　大都會文化事業有限公司
11051 台北市信義區基隆路一段 432 號 4 樓之 9
讀者服務專線：（02）27235216
讀者服務傳真：（02）27235220
電子郵件信箱：metro@ms21.hinet.net
網　　　址：www.metrobook.com.tw

郵政劃撥　14050529 大都會文化事業有限公司
出版日期　2023 年 05 月初版一刷
定　　價　380 元
I S B N　978-626-7284-04-9
書　　號　History-153

Banner Publishing, a division of Metropolitan Culture Enterprise Co., Ltd.
4F-9, Double Hero Bldg., 432, Keelung Rd., Sec. 1,Taipei 11051, Taiwan
Tel:+886-2-2723-5216　Fax:+886-2-2723-5220
E-mail:metro@ms21.hinet.net
Web-site:www.metrobook.com.tw

國家圖書館出版品預行編目（CIP）資料

海權興衰兩千年 I：從大流士與薛西斯的波希戰爭到以教皇之名的基度山島海戰 / 熊顯華　著 . -- 初版 -- 臺北市 : 大旗出版 : 大都會文化發行 ,2023.05；288 面；17×23 公分 . -- (History-153)
ISBN 978-626-7284-04-9（平裝）

1. 海洋戰略 2. 海權 3. 世界史

592.42　　112002100